石油企业岗位练兵手册

管 工

大庆油田有限责任公司 编

石油工业出版社

内 容 提 要

本书采用问答形式，对管工岗位的相关问题和知识进行了介绍与解答。主要内容可分为基本素养、基础知识、基本技能三部分。基本素养包括企业文化（大庆精神、铁人精神、优良传统）和职业道德等内容，基础知识包括与管工岗位密切相关的专业知识和 HSE 知识等内容，基本技能包括操作技能和常见故障判断处理等内容。本书适合管工阅读使用。

图书在版编目（CIP）数据

管工/大庆油田有限责任公司编.—北京：石油工业出版社，2015.12

（石油企业岗位练兵手册）

ISBN 978-7-5183-1011-1

Ⅰ.管…

Ⅱ.大…

Ⅲ.管道施工–技术手册

Ⅳ.TU81-62

中国版本图书馆 CIP 数据核字（2015）第 288181 号

出版发行：石油工业出版社

（北京安定门外安华里 2 区 1 号　100011）

网　　址：www.petropub.com

编辑部：(010) 64255590　图书营销中心：(010) 64523633

经　销：全国新华书店

印　刷：北京中石油彩色印刷有限责任公司

2015 年 12 月第 1 版　2015 年 12 月第 1 次印刷

787×1092 毫米　开本：1/32　印张：5.125　字数：115 千字

定价：18.00 元

（如出现印装质量问题，我社图书营销中心负责调换）

版权所有，翻印必究

《石油企业岗位练兵手册》编委会

主　　　任：王建新

副　主　任：赵玉昆

委　　　员：姜宝山　董洪亮　吴景刚　全海涛
　　　　　　王　旭　李亚鹏　鲍　奇　孙宝全

本书编审组

主　　　编：胡春林

副　主　编：刘　泉　徐兰天

编写组成员：王　亮　吴　斌　王立平　姜玉和
　　　　　　于海洋　黄绍凯　陈福生　苏　影

审核组成员：包艳华　张　悦　朱小丽　施　维
　　　　　　王　赫　李　焱　夏延丽

前　　言

岗位练兵是大庆油田的优良传统，是强化基本功训练、提升员工素质的重要手段。新时期、新形势下，按照全面加强三基工作的有关要求，为进一步强化和规范经常性岗位练兵活动，切实提高基层员工队伍的基本素质，按照"实际、实用、实效"的原则，大庆油田有限责任公司人事部组织编写了《石油企业岗位练兵手册》丛书。围绕提升政治素养和业务技能的要求，本套丛书架构分为基本素养、基础知识、基本技能三部分。基本素养包括企业文化（大庆精神、铁人精神、优良传统）和职业道德等内容，基础知识包括与工种岗位密切相关的专业知识和 HSE 知识等内容，基本技能包括操作技能和常见故障判断处理等内容。本套丛书的编写，严格依据最新行业规范和技术标准，同时充分结合目前专业知识更新、生产设备调整、操作工艺优化等实际情况，具有突出的实用性和规范性的特点，既能作为基层开展岗位练兵、提高业务技能的实用教材，也可以作为员工岗位自学、单位开展技能竞赛的参考资料。

希望本套丛书的出版能够为各石油企业有所借鉴，为持续、深入地抓好基层全员培训工作，不断提升员工队伍整体素质,为实现石油企业科学发展提供人力资源保障。同时,也希望广大读者对本套丛书的修改完善提出宝贵意见,以便今后修订时能更好地规范和丰富其内容,为基层扎实有效地开展岗位练兵活动提供有力支撑。

编　者

2015 年 10 月

目 录

第一部分 基本素养

一、企业文化 ………………………………………… 1

（一）名词解释 …………………………………… 1

1. 大庆精神 ……………………………………… 1
2. 铁人精神 ……………………………………… 1
3. 艰苦奋斗的六个传家宝 ……………………… 1
4. 三老四严 ……………………………………… 2
5. 四个一样 ……………………………………… 2
6. 思想政治工作"两手抓" ……………………… 2
7. 岗位责任制 …………………………………… 2
8. 三基工作 ……………………………………… 2
9. 四懂三会 ……………………………………… 2
10. 五条要求 …………………………………… 2
11. 新时期铁人 ………………………………… 2
12. 大庆新铁人 ………………………………… 2

（二）问答 ………………………………………… 2

1. 简述大庆油田名称的由来。 ………………… 2
2. 中共中央何时批准大庆石油会战？ ………… 3
3. 什么是"两论"起家？ ………………………… 3

· 1 ·

4. 什么是"两分法"前进? ……………………………… 3
5. 简述会战时期"五面红旗"及其具体事迹。 ……… 3
6. 大庆投产的第一口油井和试注成功的第一口水井各是什么? ……………………………………………………… 4
7. 会战时期讲的"三股气"是指什么? ………………… 4
8. 什么是"九热一冷"工作法? ………………………… 4
9. 什么是"三一"、"四到"、"五报"交接法? ……… 4
10. 大庆油田原油年产5000万吨以上持续稳产的时间是哪年? ……………………………………………………… 5
11. 中国石油天然气集团公司核心经营管理理念是什么? ……………………………………………………………… 5
12. 中国石油天然气集团公司企业精神是什么? ……… 5
13. 新时期新阶段三基工作的基本内涵是什么? ……… 5
14. "十二五"时期,中国石油天然气集团公司全面推进三基工作新的重大工程的总体思路是什么? ………… 6
15. 中国石油天然气集团公司全面推进三基工作新的重大工程的主要目标是什么? ………………………………… 6

二、职业道德 …………………………………………… 6

(一) 名词解释 ………………………………………… 6
1. 道德 …………………………………………………… 6
2. 职业道德 ……………………………………………… 6
3. 爱岗敬业 ……………………………………………… 6
4. 诚实守信 ……………………………………………… 6
5. 劳动纪律 ……………………………………………… 7

(二) 问答 ……………………………………………… 7
1. 社会主义精神文明建设的根本任务是什么? ……… 7
2. 我国社会主义思想道德建设的基本要求是什么? …… 7

3. 为什么要遵守职业道德? ……………………… 7
4. 爱岗敬业的基本要求是什么? ………………… 7
5. 诚实守信的基本要求是什么? ………………… 8
6. 职业纪律的重要性是什么? …………………… 8
7. 合作的重要性是什么? ………………………… 8
8. 奉献的重要性是什么? ………………………… 8
9. 奉献的基本要求是什么? ……………………… 8
10. 企业员工应具备的职业素养是什么? ………… 8
11. 培养"四有"职工队伍的主要内容是什么? ……… 8
12. 如何做到团结互助? …………………………… 8
13. 职业道德行为养成的途径和方法是什么? …… 9
14. 中国石油天然气集团公司员工职业道德规范具体内容是什么? ……………………………………………… 9
15. 对违纪员工的处理原则是什么? ……………… 9
16. 对员工的奖励包括哪几种? …………………… 9
17. 对员工的行政处分包括哪几种? ……………… 10
18. 《中国石油天然气集团公司反违章禁令》有哪些规定? ……………………………………………… 10

第二部分 基础知识

一、专业知识 ……………………………………… 11

(一) 名词解释 …………………………………… 11
1. 公称直径 ……………………………………… 11
2. 公称压力 ……………………………………… 11
3. 最大工作压力 ………………………………… 11
4. 设计压力 ……………………………………… 11

5. 压力试验	12
6. 稳压	12
7. 停压	12
8. 工作温度	12
9. 设计温度	12
10. 适用介质	12
11. 流体输送管道	12
12. 管子	12
13. 管道	12
14. 配管	12
15. 管道组成件	12
16. 管道系统	13
17. 安装件	13
18. 自由管段	13
19. 封闭管段	13
20. 非金属管	13
21. 衬里管	13
22. 总管（主管）	13
23. 支管（分管）	13
24. 工艺管道	13
25. 低压管道	13
26. 中压管道	13
27. 高压管道	13
28. 真空管道	13
29. 放气管	13
30. 管件	13
31. 弯头	14
32. 异径弯头	14

33. 45°弯头 ·················· 14
34. 90°弯头 ·················· 14
35. 三通 ····················· 14
36. 等径三通 ················· 14
37. 异径三通 ················· 14
38. 四通 ····················· 14
39. 等径四通 ················· 14
40. 异径四通 ················· 14
41. 异径管接头（大小头）····· 14
42. 同心异径管接头（同心大小头）····· 14
43. 偏心异径管接头（偏心大小头）····· 14
44. 管箍 ····················· 14
45. 双头螺纹 ················· 14
46. 内外螺纹接头（内外丝）··· 14
47. 活接头 ··················· 14
48. 管堵（丝堵）············· 15
49. 法兰 ····················· 15
50. 平焊法兰 ················· 15
51. 对焊法兰 ················· 15
52. 螺纹法兰 ················· 15
53. 法兰盖（盲法兰）········· 15
54. 垫片 ····················· 15
55. 非金属垫片 ··············· 15
56. 金属垫片 ················· 15
57. 阀门 ····················· 15
58. 闸阀 ····················· 15
59. 截止阀 ··················· 15
60. 节流阀 ··················· 15

61. 球阀	15
62. 蝶阀	15
63. 止回阀	16
64. 安全阀	16
65. 减压阀	16
66. 调节阀	16
67. 过滤器	16
68. 消声器	16
69. 隔热	16
70. 保温	16
71. 保冷	16
72. 隔热材料	16
73. 隔热结构	16
74. 隔热层	16
75. 保温层	16
76. 防潮层	17
77. 保护层	17
78. 扎带	17
79. 伴热	17
80. 电伴热	17
81. 管道支架（管架）	17
82. 固定支架	17
83. 滑动支架	17
84. 导向支架	17
85. 滚动支架	17
86. 管托	17
87. 管卡	17
88. 管道振动	17

89. 管道共振	17
90. 水锤	17
91. 管道腐蚀	17
92. 化学腐蚀	18
93. 电化学腐蚀	18
94. 局部腐蚀	18
95. 给水用硬聚氯乙烯（PVC-U）管	18
96. 氯化聚氯乙烯（PVC-C）管	18
97. 给水用聚乙烯（PE）管	18
98. 交联聚乙烯（PE-X）管	18
99. 给水用钢骨架聚乙烯复合管	18
100. 铝塑复合管	18
101. 热熔连接	19
102. 电熔连接	19
103. 法兰连接	19
104. 机械式连接	19
105. 卡套连接	19
106. 管道配件	19
107. 伸缩节	19
108. 防火套管	19
109. 低温热水地面辐射供暖	19
110. 分水器	19
111. 集水器	20
112. 面层	20
113. 找平层	20
114. 隔离层	20
115. 填充层	20
116. 绝热层	20

117. 伸缩缝 ………………………………………………… 20
(二) 问答 ……………………………………………………… 20
　1. 管道组成件是什么? ……………………………………… 20
　2. 单线图是什么? …………………………………………… 20
　3. 压力试验是什么? ………………………………………… 20
　4. 管件有哪些作用? ………………………………………… 21
　5. 常见的管件有哪几种? …………………………………… 21
　6. 常用法定计量单位制的长度单位与英制长度单位如何换算? ……………………………………………………… 21
　7. 法兰如何分类? …………………………………………… 22
　8. 密封材料有哪些? ………………………………………… 22
　9. 管段泄漏阀门又关不严时,应怎样进行处理? ………… 24
　10. 台虎钳如何正确使用及维护? ………………………… 24
　11. 操作砂轮机应注意哪些事项? ………………………… 25
　12. 采暖管道管扣泄漏时,应怎样进行处理? …………… 25
　13. 常用的普通锉如何分类? ……………………………… 25
　14. 如何选择锉刀? ………………………………………… 26
　15. 研磨是什么? …………………………………………… 26
　16. 螺纹连接适用的范围是什么? ………………………… 27
　17. 哪几种管材的连接需要用承插连接? ………………… 27
　18. 法兰连接有哪些特点? ………………………………… 27
　19. 焊接连接的特点有哪些? ……………………………… 27
　20. 管道支、吊架安装的一般要求有哪些? ……………… 27
　21. 卡套式连接有哪些特点? ……………………………… 28
　22. 管子、管件组对焊接的基本要求是什么? …………… 28
　23. 金属管道的腐蚀有哪些形式? ………………………… 29
　24. 常用防腐蚀涂料有哪些? ……………………………… 30

25. 对绝热材料有哪些基本要求? …… 30
26. 管工易发生的安全事故有哪些? …… 30
27. 局部散热器不热的故障原因有哪些? …… 31
28. 热力管道安装的一般要求有哪些? …… 31
29. 止回阀、减压阀在管路中各起什么作用? …… 31
30. 管道压力试验前应具备哪些条件? …… 31
31. 阀门型号由哪几个单元组成? …… 32
32. 局部散热器不热的鉴别方法有哪些? …… 32
33. 传热现象有哪几种形式? 散热器主要传热形式是什么? …… 32
34. 如何对热采暖系统运行进行调节? …… 32
35. 对热水采暖系统运行进行调节应注意哪些问题?
 …… 33
36. 地暖管道中存有气体怎么处理? …… 33
37. 地热不热有哪些影响因素? …… 33
38. 简述地板辐射采暖施工流程。 …… 33
39. 管道工程中常用的管材有哪些? …… 34
40. PP-R 管材 (无规共聚聚丙烯管) 的特点有哪些?
 …… 34
41. 管工常用的工具有哪些? …… 34
42. 什么叫层流、紊流? …… 34
43. 阀门体上常标的内容是什么? …… 34
44. 阀门安装的注意事项有哪些? …… 35
45. 调节阀安装的一般要求有哪些? …… 35
46. 管道上焊缝组对位置相关规定包括哪些? …… 36
47. 管道组对时有哪些注意事项? …… 37
48. 管道安装前应具备的条件有哪些? …… 37
49. 热力管道布置的相关要求有哪些? …… 37

50. 套丝的注意事项有哪些？ ………………………… 38
　51. 管钳的正确使用方法及维护保养有哪些方面？
　　…………………………………………………… 38
　52. 管道受热伸长量都与哪些因素有关？ ………… 39

二、HSE 知识 …………………………………………… 39

（一）名词解释 …………………………………………… 39
　1. 保护接零 …………………………………………… 39
　2. 保护接地 …………………………………………… 39
　3. 触电 ………………………………………………… 39
　4. 燃烧 ………………………………………………… 39
　5. 着火 ………………………………………………… 39
　6. 火灾 ………………………………………………… 39
　7. 冷却法 ……………………………………………… 39
　8. 窒息法 ……………………………………………… 39
　9. 隔离法 ……………………………………………… 39
　10. 高空作业 ………………………………………… 39
　11. 噪声 ……………………………………………… 40

（二）问答 ……………………………………………… 40
　1. 人体发生触电的原因是什么？ …………………… 40
　2. 触电分为哪几种？ ………………………………… 40
　3. 安全用电注意事项有哪些？ ……………………… 40
　4. 燃烧必须具备哪几个条件？ ……………………… 41
　5. 火灾过程一般分为哪几个阶段？ ………………… 41
　6. 扑救火灾的原则是什么？ ………………………… 41
　7. 灭火有哪些方法？ ………………………………… 41
　8. 目前油田常用的灭火器有哪些？ ………………… 42

9. 如何报火警? …………………………………………… 42
10. 对火灾事故"四不放过"的处理原则是什么? …… 42
11. 为什么要使用防爆电气设备? ………………………… 42
12. 哪些场所应使用防爆电气设备? ……………………… 42
13. 高空作业级别是如何划分的? ………………………… 43
14. 登高巡回检查应注意什么? …………………………… 43
15. 安全带通常使用期限为几年?几年抽检一次?
……………………………………………………… 43
16. 使用安全带时有哪些注意事项? ……………………… 43
17. 哪些原因容易导致发生机械伤害? …………………… 44
18. 烧烫伤急救要点是什么? ……………………………… 44
19. 高空坠落急救要点是什么? ………………………… 44

第三部分 基本技能

一、操作技能 ………………………………………… 45

1. 加工管螺纹 ……………………………………………… 45
2. 钻削及攻丝 ……………………………………………… 46
3. 手锯切割角钢 …………………………………………… 47
4. 检验管材 ………………………………………………… 49
5. 检验管件、紧固件 ……………………………………… 50
6. 检验阀门 ………………………………………………… 53
7. 手工冷煨制 DN25mm 以下钢管 ……………………… 55
8. 手工热煨制 DN50mm 以下钢管 ……………………… 56
9. 组对管件 ………………………………………………… 57
10. 组对管段的操作 ………………………………………… 59
11. 组对弯头与管段的操作 ………………………………… 60

12. 组对法兰与管段的操作 ………………………………… 61
13. 连接平焊法兰 …………………………………………… 63
14. 组对法兰三通管件 ……………………………………… 65
15. 连接法兰的操作 ………………………………………… 67
16. 黏结硬聚氯乙烯管 ……………………………………… 68
17. 连接单头丝与阀门的操作 ……………………………… 69
18. 连接单头丝与活接头的操作 …………………………… 70
19. 制作夹具（管卡）……………………………………… 70
20. 测量管件 ………………………………………………… 71
21. 正确使用、维护管子割刀 ……………………………… 74
22. 正确使用、维护千斤顶 ………………………………… 75
23. 平台法调直管子的操作 ………………………………… 76
24. 管子的切断 ……………………………………………… 77
25. 切割管材的操作 ………………………………………… 79
26. 等径正三通展开下料的方法 …………………………… 80
27. 等径斜交三通展开下料的方法 ………………………… 81
28. 异径正交三通展开下料的方法 ………………………… 83
29. 异径斜交三通展开下料的方法 ………………………… 84
30. 异径直交弯头马鞍展开下料的方法 …………………… 86
31. 天圆地方展开下料的方法 ……………………………… 87
32. 同心异径管简易下料方法 ……………………………… 89
33. 两节直角弯头的壁厚处理 ……………………………… 91
34. 三通的壁厚处理 ………………………………………… 92

二、常见故障判断处理 …………………………………… 94

1. 管道法兰接口处渗漏的故障原因有哪些？如何处理？
   ………………………………………………………… 94

2. 管道承插接口处渗漏的故障原因有哪些？如何处理？
.... 95

3. 碳素钢管的焊口处渗漏的故障原因有哪些？如何处理？.. 96

4. 碳素钢管安装后堵塞的故障原因有哪些？如何处理？
.... 97

5. 铸铁管安装后堵塞的故障原因有哪些？如何处理？
.... 98

6. 管道运行发生变形或损坏的故障原因有哪些？如何处理？.. 99

7. 安全阀超过工作压力不开启，开启后不能自动关闭，不到工作压力就开启的故障原因有哪些？如何处理？ …… 101

8. 疏水阀安装投入使用后，工作不正常，有时排水不畅反而漏气过多的故障原因有哪些？如何处理？ 101

9. 减压阀不通畅和不起减压作用的故障原因有哪些？如何处理？ 102

10. ∏形补偿器投入运行时，出现管道变形、支座偏斜，严重者接口开裂的故障原因有哪些？如何处理？ 103

11. 波形补偿器不能保证管道在运行中的正常伸缩的故障原因有哪些？如何处理？ 103

12. 填料式补偿器安装后不能正常工作，有渗漏现象的故障原因有哪些？如何处理？ 104

13. 室内给水管道水流不畅或管道堵塞的故障原因有哪些？如何处理？ 105

14. 影响生活用水管道使用寿命的故障原因有哪些？如何处理？ 105

15. 配水龙头的常见故障及原因有哪些？如何处理？
.... 106

16. 室内给水管道阀门常见故障及原因有哪些？如何处理？ …… 107

17. 螺纹接口渗漏的故障及原因有哪些？如何处理和预防？ …… 107

18. 焊口位置不合适的故障原因有哪些？如何处理和预防？ …… 109

19. 阀门关闭不严的故障原因有哪些？如何处理？ …… 110

20. 疏水器排水不畅、漏汽过多的故障原因有哪些？如何处理？ …… 111

21. Π形补偿器投运时管线挪位的故障原因有哪些？如何处理？ …… 111

22. 套筒补偿器渗漏的故障原因有哪些？如何处理？ …… 113

23. 煨制弯管椭圆率超标或出现折皱的故障原因有哪些？如何处理？ …… 113

24. 碳钢管投运后堵塞的故障原因有哪些？如何处理和预防？ …… 114

25. 采暖水平干管的偏心异径管安装造成暖气不热的故障原因有哪些？如何处理和预防？ …… 115

26. 圆翼形散热器因安装造成放热效果不佳的故障原因有哪些？如何处理？ …… 115

27. 散热器因安装缺陷造成的故障及原因有哪些？如何处理和预防？ …… 116

28. 煤气管道因安装缺陷造成的故障及原因有哪些？如何处理和预防？ …… 119

29. 埋地给水管道漏水的故障原因有哪些？如何处理和预防？ …… 120

30. 消防栓安装不符合要求影响使用的原因有哪些？如何处理和预防？ ······ 121

31. 排水管道排水不畅或堵塞的故障原因有哪些？如何处理和预防？ ······ 121

32. 蹲式大便器与给水、排水管连接处漏水的故障原因有哪些？如何处理和预防？ ······ 122

33. 卫生器具安装不牢的故障原因有哪些？如何处理和预防？ ······ 124

34. 硬聚氯乙烯塑料管因安装质量缺陷造成的故障及原因有哪些？如何处理和预防？ ······ 125

35. 阀门填料函处泄漏的故障原因有哪些？如何处理和预防？ ······ 127

36. 管道系统水压试压中有什么异常现象？故障原因有哪些？如何处理和预防？ ······ 128

37. 止回阀介质倒流的故障原因有哪些？如何处理？ ······ 129

38. 止回阀阀芯不开启的故障原因有哪些？如何处理？ ······ 130

39. 采暖系统水力失调引起供热量不平衡的故障原因有哪些？如何处理？ ······ 130

40. 管道保温效果不良的故障现象和原因有哪些？如何处理和预防？ ······ 130

41. 热水采暖系统上层散热器过热、下层不热的故障原因有哪些？如何处理？ ······ 131

42. 热水采暖异程采暖系统末端不热的故障原因有哪些？如何处理？ ······ 132

43. 热水采暖系统局部散热器不热的故障原因有哪些？如何处理？ ······ 132

44. 总回水温度过高的故障原因有哪些？如何处理？
.... 133

45. 总回水温度过低的故障原因有哪些？如何处理？
.... 134

46 热水采暖管网中，系统突然不热的故障原因有哪些？如何处理？.. 134

47. 热水管网严重漏水的故障现象及原因是什么？如何处理？.. 135

48. 采暖管道发生漏水漏汽故障的原因有哪些？如何处理？.. 135

49. 供热管网堵塞的故障原因及危害有哪些？如何处理？
.... 136

50. 室内地下热水管线漏水位置的检查判断有哪些方法？
.... 137

51. 采暖管线冻结的故障原因有哪些？如何处理？处理时有何注意事项？.. 137

52. 单层采暖系统中，前后立管散热器全热，而中间立管散热器不热的故障原因有哪些？如何处理？处理时有何注意事项？.. 138

53. 集气罐不排气的故障原因有哪些？如何处理？
.... 139

第一部分 基本素养

一、企业文化

(一) 名词解释

1. 大庆精神：为国争光、为民族争气的爱国主义精神；独立自主、自力更生的艰苦创业精神；讲究科学、"三老四严"的求实精神；胸怀全局、为国分忧的奉献精神。

2. 铁人精神："为国分忧、为民族争气"的爱国主义精神；为"早日把中国石油落后的帽子甩到太平洋里去"，"宁肯少活20年，拼命也要拿下大油田"的忘我拼搏精神；为干革命"有条件要上，没有条件创造条件也要上"的艰苦奋斗精神；"要为油田负责一辈子"，"干工作要经得起子孙后代检查"，对技术精益求精，为革命"练一身硬功夫、真本事"的科学求实精神；"甘愿为党和人民当一辈子老黄牛"，不计名利，不计报酬，埋头苦干的奉献精神。

3. 艰苦奋斗的六个传家宝："人拉肩扛"精神，"干打垒"精神，"五把铁锹闹革命"精神，"缝补厂"精神，"回收队"精神，"修旧利废"精神。

4. 三老四严：对待革命事业，要当老实人，说老实话，办老实事；对待工作，要有严格的要求，严密的组织，严肃的态度，严明的纪律。

5. 四个一样：黑天和白天一个样，坏天气和好天气一个样，领导不在场和领导在场一个样，没有人检查和有人检查一个样。

6. 思想政治工作"两手抓"：抓生产从思想入手，抓思想从生产出发。这是大庆正确处理思想政治工作与经济工作关系的基本原则，也是大庆思想政治工作的一条基本经验。

7. 岗位责任制：岗位专责制、交接班制、巡回检查制、设备维修保养制、质量负责制、岗位练兵制、安全生产制、班组经济核算制。

8. 三基工作：以党支部建设为核心的基层建设，以岗位责任制为中心的基础工作，以岗位练兵为主要内容的基本功训练。

9. 四懂三会：懂设备性能、懂结构原理、懂操作要领、懂维护保养；会操作，会保养，会排除故障。

10. 五条要求：人人出手过得硬，事事做到规格化，项项工程质量全优，台台在用设备完好，处处注意勤俭节约。

11. 新时期铁人：王启民。

12. 大庆新铁人：李新民。

（二）问答

1. 简述大庆油田名称的由来。

1959年9月26日，建国十周年大庆前夕，位于黑龙江省原肇州县大同镇附近的松基三井喷出了具有工业价值的油流，为了纪念这个大喜大庆的日子，当时黑龙江省委第一书记欧阳钦同志建议将该油田定名为大庆油田。

2. 中共中央何时批准大庆石油会战？

1960年2月13日，石油工业部以党组的名义向中共中央、国务院提出了《关于东北松辽地区石油勘探情况和今后工作部署问题的报告》，1960年2月20日中共中央正式批准大庆石油会战。

3. 什么是"两论"起家？

1960年4月10日，大庆石油会战一开始，会战领导小组就以石油工业部机关党委的名义做出了《关于学习毛泽东同志所著〈实践论〉和〈矛盾论〉的决定》，号召广大会战职工学习毛泽东同志的《实践论》、《矛盾论》和毛泽东同志的其他著作，以马列主义、毛泽东思想指导石油大会战，用辩证唯物主义的立场、观点、方法，认识油田规律，分析和解决会战中遇到的各种问题。广大职工说，我们的会战是靠"两论"起家的。

4. 什么是"两分法"前进？

1964年，《人民日报》发表了《大庆精神大庆人》长篇通讯。毛泽东同志发出了"工业学大庆"的号召。当时，又正值毛泽东同志发表了《加强相互学习，克服故步自封、骄傲自满》。石油工业部党组根据油田实际抓住时机，及时在全体职工中进行了"两分法"教育。"两分法"的主要内容是：在任何时候，对任何事情，都要运用"两分法"。成绩越好，形势越好，越要一分为二。要坚持学"两点论"，反对"一点论"，坚持辩证法，反对形而上学，揭矛盾，找差距，戒骄戒躁，不断前进。

5. 简述会战时期"五面红旗"及其具体事迹。

"五面红旗"喻指大庆石油会战初期涌现的五位先进榜

样：王进喜、马德仁、段兴枝、薛国邦、朱洪昌。钻井队长王进喜带领队伍人拉肩扛抬钻机，端水打井保开钻，在发生井喷的危急时刻，奋不顾身跳下泥浆池，用身体搅拌泥浆制服井喷；钻井队长马德仁在泥浆泵上水管线冻结时，不畏严寒，破冰下泥浆池，疏通上水管线；钻井队长段兴枝在吊车和拖拉机不足的情况下，利用钻机本身的动力设施，解决了钻机搬家的困难；大庆油田第一个采油队队长薛国邦自制绞车，给第一批油井清蜡，又手持蒸汽管下到油池里化开凝结的原油，保证了大庆油田首次原油外运列车顺利起程；工程队队长朱洪昌在供水管线漏水时，用手捂着漏点，忍着灼烧的疼痛，让焊工焊接裂缝，保证了供水工程提前竣工。

6. 大庆投产的第一口油井和试注成功的第一口水井各是什么？

1960 年 5 月 16 日，大庆第一口油井中 7－11 井投产；1960 年 10 月 18 日，大庆油田第一口注水井 7 排 11 井试注成功。

7. 会战时期讲的"三股气"是指什么？

对一个国家来讲，就要有民气；对一个队伍来讲，就要有士气；对一个人来讲，就要有志气。三股气结合起来，就会形成强大的力量。

8. 什么是"九热一冷"工作法？

"九热一冷"工作法是大庆石油会战中创造的一种领导工作方法，指在一旬中，九天跑基层了解情况，一天坐下来分析研究工作中的经验教训。

9. 什么是"三一"、"四到"、"五报"交接法？

对重要的生产部位要一点一点地交接、对主要的生产数据要一个一个地交接、对主要的生产工具要一件一件地交接；交接班时应该看到的要看到、应该听到的要听到、应该摸到的要摸到、应该闻到的要闻到；交接班时报检查部位、报部件名称、报生产状况、报存在的问题、报采取的措施，开好交接班会议，会议记录必须规范完整。

10. 大庆油田原油年产 5000 万吨以上持续稳产的时间是哪年？

1976 年至 2002 年，大庆油田实现原油年产 5000 万吨以上连续 27 年高产稳产，创造了世界同类油田开发史上的奇迹。

11. 中国石油天然气集团公司核心经营管理理念是什么？

诚信：立诚守信，言真行实；创新：与时俱进，开拓创新；业绩：业绩至上，创造卓越；和谐：团结协作，营造和谐；安全：以人为本，安全第一。

12. 中国石油天然气集团公司企业精神是什么？

爱国：爱岗敬业，产业报国，持续发展，为增强综合国力作贡献。创业：艰苦奋斗，锐意进取，创业永恒，始终不渝地追求一流。求实：讲求科学，实事求是，"三老四严"，不断提高管理水平和科技水平。奉献：职工奉献企业，企业回报社会、回报客户、回报职工、回报投资者。

13. 新时期新阶段三基工作的基本内涵是什么？

基层建设、基础工作、基本素质。基层建设是以党建、班子建设为主要内容的基层组织和队伍建设，是企业发展的重要保障；基础工作是以质量、计量、标准化、制度、流程等为主要内容的基础性管理，是企业管理的重要着力点；基本素质是以政治素养和业务技能为主要内容的员工素质与能力，是企业综合实力的重要体现。

14. "十二五"时期,中国石油天然气集团公司全面推进三基工作新的重大工程的总体思路是什么?

以科学发展观为指导,紧紧围绕建设综合性国际能源公司战略目标,突出主题主线主旨,坚持以人为本、公平效率,坚持求真务实、与时俱进,更加注重制度的建设和执行,更加注重流程的规范和控制,更加注重管理的绩效和创新,全面提升基层建设、基础管理水平和员工基本素质,为实现集团公司可持续发展奠定坚实基础。

15. 中国石油天然气集团公司全面推进三基工作新的重大工程的主要目标是什么?

基层组织坚强有力,基础管理科学规范,基本素质整体优良,HSE业绩显著提升,发展环境和谐稳定,服务型机关建设成效显著。

二、职业道德

(一) 名词解释

1. 道德: 是调节个人与自我、他人、社会和自然界之间关系的行为规范的总和。

2. 职业道德: 同人们的职业活动紧密联系的、符合职业特点要求的道德准则、道德情操与道德品质的总和。

3. 爱岗敬业: 爱岗就是热爱自己的工作岗位,热爱自己从事的职业;敬业就是以恭敬、严肃、负责的态度对待工作,一丝不苟,兢兢业业,专心致志。

4. 诚实守信: 诚实就是真心诚意,实事求是,不虚假,不欺诈;守信就是遵守承诺,讲究信用,注重质量和信誉。

5. 劳动纪律：用人单位为形成和维持生产经营秩序，保证劳动合同得以履行，要求全体员工在集体劳动、工作、生活过程中，以及与劳动、工作紧密相关的其他过程中必须共同遵守的规则。

（二）问答

1. 社会主义精神文明建设的根本任务是什么？

适应社会主义现代化建设的需要，培育有理想、有道德、有文化、有纪律的社会主义公民，提高整个中华民族的思想道德素质和科学文化素质。

2. 我国社会主义思想道德建设的基本要求是什么？

爱祖国、爱人民、爱劳动、爱科学、爱社会主义。

3. 为什么要遵守职业道德？

职业道德是社会道德体系的重要组成部分，它一方面具有社会道德的一般作用，另一方面它又具有自身的特殊作用，具体表现在：（1）调节职业交往中从业人员内部以及从业人员与服务对象间的关系。（2）有助于维护和提高本行业的信誉。（3）促进本行业的发展。（4）有助于提高全社会的道德水平。

4. 爱岗敬业的基本要求是什么？

（1）要乐业。乐业就是从内心里热爱并热心于自己所从事的职业和岗位，把干好工作当作最快乐的事，做到其乐融融。（2）要勤业。勤业是指忠于职守，认真负责，刻苦勤奋，不懈努力。（3）要精业。精业是指对本职工作业务纯熟，精益求精，力求使自己的技能不断提高，使自己的工作成果尽善尽美，不断地有所进步、有所发明、有所创造。

5. 诚实守信的基本要求是什么？

要诚信无欺，要讲究质量，要信守合同。

6. 职业纪律的重要性是什么？

职业纪律影响到企业的形象，职业纪律关系到企业的成败，遵守职业纪律是企业选择员工的重要标准，遵守职业纪律关系到员工个人事业的成功与发展。

7. 合作的重要性是什么？

合作是企业生产经营顺利进行的内在要求，是从业人员汲取智慧和力量的重要手段，是打造优秀团队的有效途径。

8. 奉献的重要性是什么？

奉献是企业发展的保障，是从业人员履行职业责任的必由之路，有助于创造良好的工作环境，是从业人员实现职业理想的途径。

9. 奉献的基本要求是什么？

（1）尽职尽责。要明确岗位职责，要培养职责情感，要全力以赴工作。（2）尊重集体。以企业利益为重，正确对待个人利益，要树立职业理想。（3）为人民服务。树立为人民服务的意识，培育为人民服务的荣誉感，提高为人民服务的本领。

10. 企业员工应具备的职业素养是什么？

诚实守信、爱岗敬业、团结互助、文明礼貌、办事公道、勤劳节俭、开拓创新。

11. 培养"四有"职工队伍的主要内容是什么？

有理想、有道德、有文化、有纪律。

12. 如何做到团结互助？

（1）具备强烈的归属感。（2）参与和分享。（3）平等尊重。(4)信任。(5)协同合作。(6)顾全大局。

13. 职业道德行为养成的途径和方法是什么?

(1)在日常生活中培养。从小事做起,严格遵守行为规范;从自我做起,自觉养成良好习惯。(2)在专业学习中训练。增强职业意识,遵守职业规范;重视技能训练,提高职业素养。(3)在社会实践中体验。参加社会实践,培养职业道德;学做结合,知行统一。(4)在自我修养中提高。体验生活,经常进行"内省";学习榜样,努力做到"慎独"。(5)在职业活动中强化。将职业道德知识内化为信念;将职业道德信念外化为行为。

14. 中国石油天然气集团公司员工职业道德规范具体内容是什么?

(1)遵守公司经营业务所在地的法律、法规。(2)认真践行公司精神、宗旨及核心经营管理理念。(3)遵守公司章程,诚实守信,忠诚于公司。(4)继承弘扬大庆精神、铁人精神和中国石油优良传统作风。(5)认真履行岗位职责。(6)坚持公平公正。(7)保护公司资产并用于合法目的。(8)禁止参与可能导致与公司有利益冲突的活动。

15. 对违纪员工的处理原则是什么?

(1)教育为主、惩罚为辅。(2)区别情节、分类对待。(3)实事求是、依法处理。

16. 对员工的奖励包括哪几种?

记功、记大功、晋级、通令嘉奖、授予先进生产(工作)者、劳动模范等荣誉称号。在给予上述奖励时,可以发给一次性奖金。

17. 对员工的行政处分包括哪几种？

警告、记过、记大过、降级、撤职、留用察看、开除。在给予上述行政处分的同时，可以给予一次性罚款。

18.《中国石油天然气集团公司反违章禁令》有哪些规定？

为进一步规范员工安全行为，防止和杜绝"三违"现象，保障员工生命安全和企业生产经营的顺利进行，特制定本禁令。

一、严禁特种作业无有效操作证人员上岗操作；

二、严禁违反操作规程操作；

三、严禁无票证从事危险作业；

四、严禁脱岗、睡岗和酒后上岗；

五、严禁违反规定运输民爆物品、放射源和危险化学品；

六、严禁违章指挥、强令他人违章作业。

员工违反上述禁令，给予行政处分；造成事故的，解除劳动合同。

第二部分　基础知识

一、专业知识

(一) 名词解释

1. 公称直径：管子和管路附件的公称直径是为了设计、制造、安装和检修方便而规定的一种标准直径，一般情况下公称的数值既不是管子的内径，也不是管子的外径，而是与管子的外径相接近的一个整数值。公称直径用符号 DN 表示，其后附加公称直径的数值，数值的单位为毫米（mm）。

2. 公称压力：为了设计、制造和使用的方便而规定的一种标准压力（在数值上它正好等于第一级工作温度下的最大工作压力），用 PN 表示，其后附加压力数值，数值的单位为兆帕（MPa）。

3. 最大工作压力：为了保证管路工作时的安全，而根据介质的各级最高工作温度所规定的一种最大压力。最大工作压力是随着介质工作温度的升高而降低的，用 PT 表示，单位为兆帕（MPa）。

4. 设计压力：在正常操作过程中，在相应设计温度下，管道可能承受的最高工作压力,用 PD 表示。

5. 压力试验:以液体或气体为介质,对管道逐步加压,达到规定的压力,以检验管道强度和严密性的试验,用 PS 表示。

6. 稳压:在压力试验达到规定压力时,在规定时间内以泵或压缩机维持规定的压力。

7. 停压:在压力试验达到规定压力时,切断气源(或液源),以检查管道泄漏状况。

8. 工作温度:管道在正常操作条件下的温度。

9. 设计温度:在正常操作过程中,在相应设计压力下,管道可能承受的最高或最低温度。

10. 适用介质:在正常操作条件下,适合于管道材料的介质。

11. 流体输送管道:设计单位在综合考虑了流体性质、操作条件以及管理设计等基础因素后,在设计文件中所规定的输送各种流体的管道。所输送的流体可分为剧毒流体、有毒流体、可燃流体、非可燃流体和无毒流体。

12. 管子:一般为长度远大于直径的圆筒体,是管道的主要组成部分。

13. 管道:由管道组成件和管道支撑件组成,用以输送、分配、混合、分离、排放、计量、控制或制止流体流动的管子、管件、法兰、螺栓连接、垫片、阀门和其他组成件或受压部件的装配总成。

14. 配管:按工艺流程、生产操作、施工、维修等要求进行的管道组装。

15. 管道组成件:用于连接或装配管道的元件。它包括管子、管件、法兰、垫片、紧固件、阀门以及膨胀接头、挠性接头、耐压软管、疏水器、过滤器和分离器等。

16. 管道系统：设计条件相同的互相联系的一组管道，简称"管系"。

17. 安装件：将负荷从管子或管道附着件上传递至支撑结构或设备上的元件。它包括吊杆、弹簧支吊架、斜拉杆、平衡锤、松紧、螺栓、支杆、链条、导轨、锚固件、鞍座、垫板、滚柱、托座和滑动支架等。

18. 自由管段：在管道预制加工前，按照单线图选择确定的可以先行加工的管段。

19. 封闭管段：在管道预制加工前，按照单线图选择确定的、经实测安装尺寸后再行加工的管段。

20. 非金属管：用玻璃、陶瓷、石墨、塑料、橡胶、石棉水泥等非金属材料制成的管子。

21. 衬里管：在管道内壁设置保护层或隔热层的管道。

22. 总管（主管）：由支管汇合的或分出支管的管道。

23. 支管（分管）：从总管上分出的或向总管汇合的管道。

24. 工艺管道：输送原料、中间物料、成品、催化剂、添加剂等工艺介质的管道。

25. 低压管道：管内介质表压力为 0~1.57MPa 的管道。

26. 中压管道：管内介质表压力为 1.57~9.81MPa 的管道。

27. 高压管道：管内介质表压力大于 9.81MPa 管道。

28. 真空管道：管内压力低于绝对压力 0.1MPa（一个标准大气压）的管道。

29. 放气管：为管道或设备高点放气而设置的管道。

30. 管件：管道系统中用于直接连接、转弯、分支、变径以及用作端部等的零部件，包括弯头、三通、四通、异径管接头、管箍、内外螺纹接头、活接头、快速接头、螺纹短节、加强管接头、管堵、管帽、盲板等（不包括阀门、法兰、紧固件）。

31. 弯头：管道转向处的管件。

32. 异径弯头：两端直径不同的弯头。

33. 45°弯头：使管道转向45°的弯头。

34. 90°弯头：使管道转向90°的弯头。

35. 三通：一种可连接三个不同方向管道的呈T形的管件。

36. 等径三通：直径相同的三通。

37. 异径三通：直径不同的三通。

38. 四通：一种可连接四个不同方向管道的呈十字形的管件。

39. 等径四通：直径相同的四通。

40. 异径四通：直径不同的四通。

41. 异径管接头（大小头）：两端直径不同的直通管件。

42. 同心异径管接头（同心大小头）：两端直径不同但中心线重合的管接头。

43. 偏心异径管接头（偏心大小头）：两端直径不同、中心线不重合、一侧平直的管接头。

44. 管箍：用于连接两根管段的、带有内螺纹或承口的管件。

45. 双头螺纹：管箍两端均有螺纹的管箍。

46. 内外螺纹接头（内外丝）：用于连接直径不同的管段，小端为内螺纹，大端为外螺纹的管接头。

47. 活接头：由几个元件组成的，用于连接管段，便于装拆管道上其他管件的管接头。

48. 管堵（丝堵）：用于堵塞管子端部的外螺纹管件，有方头管堵、六角管堵等。

49. 法兰：用于连接管子、设备等的带螺栓孔的突缘状元件。

50. 平焊法兰：需将管子插入法兰内圈焊接的法兰。

51. 对焊法兰：带颈的、有圆滑过渡段的、与管子对焊连接的法兰。

52. 螺纹法兰：带有螺纹、与管子螺纹连接的法兰。

53. 法兰盖（盲法兰）：与管道端法兰连接，将管道封闭的圆板。

54. 垫片：为防止流体泄漏设置在静密封面之间的密封元件。

55. 非金属垫片：用石棉、橡胶、合成树脂等非金属材料制成的垫片。

56. 金属垫片：用钢、铜、铝、镍或蒙乃尔合金等金属制成的垫片。

57. 阀门：用以控制管道内介质流动的、具有可动机构的机械产品的总称。

58. 闸阀：启闭件为闸板，由阀杆带动，沿阀座密封面做升降运动的阀门。

59. 截止阀：启闭件为阀瓣，由阀杆带动，沿阀座（密封面）轴线做升降运动的阀。

60. 节流阀：通过启闭件（阀瓣）改变通路截面积，以调节流量、压力的阀门。

61. 球阀：启闭件为球体，绕垂直于通路的轴线转动的阀门。

62. 蝶阀：启闭件为碟板，绕固定轴转动的阀门。

63. 止回阀：启闭件为阀瓣，能自动阻止介质逆流的阀门。

64. 安全阀：当管道或设备内介质的压力超过规定值时，启闭件（阀瓣）自动开启排放，低于规定值时自动关闭，对管道或设备起保护作用的阀门。

65. 减压阀：通过启闭件（阀瓣）的节流，将介质压力降低，并借阀后压力的直接作用，使阀后压力自动保持在一定范围内的阀门。

66. 调节阀：根据外来信号或流体压力的传递推动调节机构，以改变流体流量的阀门。

67. 过滤器：设置在管道上用以滤去流体中固体杂质的小型设备。

68. 消声器：设置在管道上用以减轻或消除噪声的小型设备。

69. 隔热：为减少管道或设备内介质热量损失或冷量损失，或为防止人体烫伤、稳定操作等，在其外壁或内壁设置隔热层，以减少热传导的措施。

70. 保温：为减少管道或设备内介质热量损失而采取的隔热措施。

71. 保冷：为减少管道或设备内介质冷量损失而采取的隔热措施。

72. 隔热材料：为保温、保冷、防烫伤或稳定操作等目的而采用的具有良好的隔热性能及其他物理性能的材料。

73. 隔热结构：由隔热层、防潮层和防护层组成的结构。

74. 隔热层：为减少热传导，在管道或设备外壁或内壁设置的隔热结构。

75. 保温层：为保温目的设置的隔热层。

76. 防潮层： 为防止水或潮气进入隔热层，在其外部设置的一层防潮结构。

77. 保护层： 为防止隔热层或防潮层受外界损伤，在其外部设置的一层保护结构。

78. 扎带： 固定隔热层或外金属保护层用的金属带。

79. 伴热： 为防止管内流体因温度下降而凝结或产生凝液或黏度升高等，在管外或管内采用的间接加热方法。

80. 电伴热： 以电能为热源的伴热。

81. 管道支架（管架）： 支撑管道的结构。

82. 固定支架： 使管道在支撑点上无线位移和角位移的支架。

83. 滑动支架： 管道可以在支撑平面内自由滑动的支架。

84. 导向支架： 限制管道径向位移，但允许轴向位移的支架。

85. 滚动支架： 装有滚筒或球盘使管道在位移时产生滚动摩擦的支架。

86. 管托： 固定在管道底部与支撑面接触的构件。

87. 管卡： 用以固定管道、防止管道脱落、为管道导向等的构件。

88. 管道振动： 由于管内介质的不规则流动或由于某种周期性外力的作用，管道相对于其平衡位置所做的往复运动。

89. 管道共振： 管道的固有频率或气柱固有频率与激发频率相同时发生的振动。

90. 水锤： 管道系统由于流量急剧变化而引起的较大的压力变动。

91. 管道腐蚀： 由于化学或电化学作用，引起管道的消损破坏。

92. 化学腐蚀:不导电的液体及干燥的气体造成的腐蚀。

93. 电化学腐蚀:由有电子转移的化学反应(即有氧化和还原的化学反应)造成的腐蚀。

94. 局部腐蚀:在金属管道等的某些部位的腐蚀。

95. 给水用硬聚氯乙烯(PVC-U)管:以聚氯乙烯(PVC)树脂为主要原料,加入了符合国家标准的管材所必需的添加剂组成的混合料(混合料中不允许加入增塑剂),经挤出成型的管材,记为PVC-U管。

96. 氯化聚氯乙烯(PVC-C)管:以氯化聚氯乙烯树脂(PVC-C)为主要原料,加入了为提高其加工性能而又符合国家标准所必需的添加剂,经挤出成型的冷热水用管材,记为PVC-C管。

97. 给水用聚乙烯(PE)管:以聚乙烯混配料为主要原料,经挤出成型的管材,记为PE给水管。其中,聚乙烯混配料是以聚乙烯为基础树脂,加入必要的抗氧化剂、紫外线稳定剂和颜料制造而成的粒料。

98. 交联聚乙烯(PE-X)管:以密度不小于$0.94g/cm^3$的聚乙烯或乙烯共聚物,添加适量助剂,通过化学的或物理的方法,使其线型的大分子交联成三维网状的大分子结构管,通常记为PE-X管。

99. 给水用钢骨架聚乙烯复合管:以连续缠绕焊接成型的网状钢丝骨架与聚乙烯(中密度或高密度)热塑性树脂,以挤出方式复合成型的聚乙烯塑料复合管。

100. 铝塑复合管:内层和外层为交联聚乙烯或耐高温聚乙烯,中间层为增强铝管,层间采用专用热熔胶,通过挤出成型方法复合而成的管材。

101. 热熔连接：由相同牌号热塑性塑料制作的管材、管件相互连接时，采用专用加热工具将连接部位加热使其熔融，再施压连接成一体的连接方式。

102. 电熔连接：相同牌号的热塑性塑料管材连接时，套上特制的电熔管件，由电熔连接机具对电熔管件进行通电，依靠电熔管件内部预先埋设的电阻丝产生所需要的热量进行熔接，冷却后管材与电熔管件连接成为一个整体的连接方式。

103. 法兰连接：由热塑性塑料法兰连接件及套入的金属法兰盘组成活套法兰的连接方式。法兰连接件与管材可采用热熔连接或粘接。

104. 机械式连接：金属材料或高强度塑料制作的管件，用专用工具通过机械紧固和密封，使管材与管件紧密连接的连接方式。

105. 卡套连接：由带锁紧螺帽和螺纹管件组成的专用接头而进行管道连接的一种连接形式。

106. 管道配件：管道与管道或管道与设备连接用的各种零、配件的统称。

107. 伸缩节：用于补偿系统使用时的温度与安装时环境温度不同导致管道产生纵向伸缩的管道元件。

108. 防火套管：由耐火材料和阻燃剂制成的，套在塑料排水管外壁可阻止火势沿管道贯穿部位蔓延的短管。

109. 低温热水地面辐射供暖：以温度不高于60℃的热水为热媒，在加热管内循环流动，加热地板，通过地面以辐射和对流的传热方式向室内供热的供暖方式。

110. 分水器：水系统中，用于连接各路加热管供水管的配水装置。

111. 集水器：水系统中，用于连接各路加热管回水管的汇水装置。

112. 面层：建筑地面直接承受各种物理和化学作用的表面层。

113. 找平层：在垫层或楼板面上进行找平找坡的构造层。

114. 隔离层：防止建筑地面上各种液体或地下水、潮气透过地面的构造层。

115. 填充层：在绝热层或楼板基面上设置加热管或发热电缆用的构造层，用以保护加热设备并使地面温度均匀。

116. 绝热层：用以阻挡热量传递，减少无效热耗的构造层。

117. 伸缩缝：补偿混凝土填充层、上部构造层和面层等膨胀或收缩用的构造缝。

（二）问答

1. 管道组成件是什么？

管道组成件是用于连接或装配管道的元件。它包括管子、管件、法兰、垫片、紧固件、阀门及膨胀接头、挠性接头、耐压软管、疏水器、过滤器和分离器等。

2. 单线图是什么？

单线图是指将每条管段按照轴侧投影的绘制方法，画成以单线表示的空间视图。

3. 压力试验是什么？

压力试验是以液体或是气体为介质，对管道逐步加压，达到规定的压力以检验管道强度和严密性的试验。

4.管件有哪些作用？

管件是管路中的重要零件，它起着连接管子、改变方向、接出支管和封闭管路等作用。同一个管件有时也能起几种作用。

5.常见的管件有哪几种？

常见的管件包括：水煤气钢管的管件；电焊钢管、无缝钢管和有色金属管的管件；铸铁管的管件；陶瓷管的管件；塑料管的管件。

6.常用法定计量单位制的长度单位与英制长度单位如何换算？

英制单位非十进制单位，是八进制的。1英尺=12英寸，1英寸=8英分。法定计量单位制的长度单位与英制长度单位换算见表1。

表1 常用法定计量单位制的长度单位与英制长度单位换算

名称	毫米	厘米	米	英寸	英尺
符号	mm	cm	m	in	ft
换算关系	1	0.1	0.001	0.0394	0.0033
	10	1	0.1	0.3937	0.0328
	1000	100	1	39.37	3.2808
	3.175	0.3175	0.0032	0.125	0.0104
	25.4	2.54	0.0254	1	0.0833
	304.8	30.48	0.3048	12	1
	914.4	91.44	0.9144	36	3

7. 法兰如何分类?

法兰的种类很多,按用途可分为管法兰和压力容器法兰(设备法兰);按形状可分为圆形、方形、椭圆形及特殊形状的法兰;按压力可分为中压、低压和高压法兰;按其与管子或容器的连接方式可分为板式平焊法兰、带颈平焊法兰、带颈对焊法兰、整体法兰、承插焊接法兰、套焊法兰、螺纹法兰、对焊环松套法兰(翻边活套法兰)、平焊环松套法兰(焊环活套法兰)、法兰盖、衬里法兰盖(盲板)等基本类型,如图1所示。

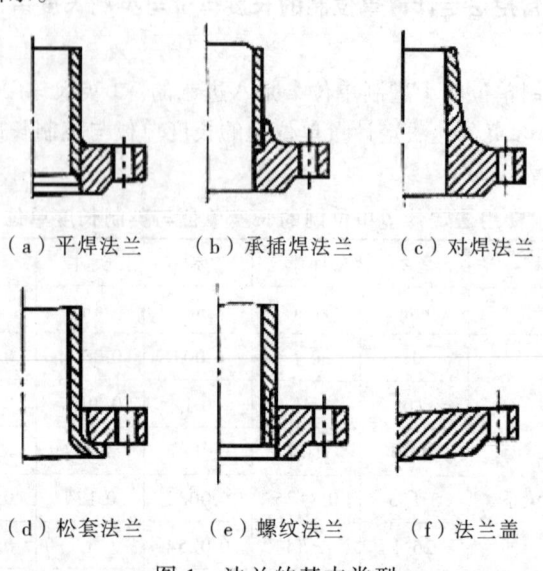

(a)平焊法兰　　(b)承插焊法兰　　(c)对焊法兰

(d)松套法兰　　(e)螺纹法兰　　(f)法兰盖

图1　法兰的基本类型

8. 密封材料有哪些?

(1)水泥。水泥是三大建筑材料之一,按用途可分为通用水泥、专用水泥、特种水泥三种。通常把标准试件28

天的抗压强度（MPa）作为标号。水泥标号有12.5、17.5、22.5、32.5、42.5、52.5、62.5共七个。水泥在管道工程中，常用作铸铁管道接口的填塞料，一般用42.5和52.5硅酸盐水泥，特殊情况下也用膨胀水泥。水泥是水硬性胶结材料，与水拌和后能逐渐凝结和硬化。水泥的硬度与温度、湿度有关。水泥应在干燥处存放，以免受潮变质，降低标号。

（2）麻。管道系统中常用的麻有亚麻、线麻（大麻）、白麻（苘麻）。其中亚麻纤维长而细，强度较高，适宜做管螺纹的填充材料，线麻次之。亚麻或线麻经油浸透阴干后，成为油麻，它是铸铁管承插口的第一层填料。水泥或石棉水泥承插口的麻层中，第一道和第二道麻用油麻，第三道用浸水的白麻，使之加强麻与水泥的黏结力。

（3）石棉绳。石棉绳又称"鸡毛绳"，分为普通石棉绳和石墨石棉绳，都有成型规格。普通石棉绳可以做阀门及螺母填料，粗的盘成圈，用麻丝缠好可以做小型锅炉及水箱等处的人孔垫和手孔垫。石墨石棉绳有圆形和方形，主要用来做密封填料。

（4）石棉胶板。石棉胶板又称"鸡毛纸"，耐热性强，可以做蒸汽管道中的法兰垫片和活接头垫片，以及一般耐热设备中的人孔垫和手孔垫。石棉胶板又分高压（深褐色）、中压（浅褐色）和低压（白色）三种，中压石棉橡胶板在管道中使用较多。

（5）铅油。铅油种类较多，常用的是白铅油，即白厚漆。管螺纹在连接前一般先涂白铅油，再将麻丝按规定方向缠4~5圈。安装人孔盖和手孔盖时，都要在石棉垫或石棉绳里外部涂上一层铅油，用以增进连接处的密封性。铅油如太稠，可加入适量的机油调稀后再使用。

（6）铅粉。铅粉性滑，用机油搅拌成糊状，涂在用石棉橡胶板制成的法兰垫片或活接头垫片上，既能增加连接处的严密性，又便于法兰垫片检修更换时的拆卸。

（7）沥青胶。沥青胶是沥青中加入适量的填充材料制成的黏性材料。它有较好的黏结性与耐热性，是用作陶土管、铸铁管等的接口材料。沥青胶接口有弹性，不刚硬，当管子稍有沉降时，不会产生渗漏，常用于下水道的接口。

9. 管段泄漏阀门又关不严时，应怎样进行处理？

这种情况是虽然管线能放水，但由于前端阀门关不严，仍然往下滴水，焊点又在管子下部，带水不能焊接的室外管线。采用的方法是在漏处前方较低位置，先焊一个合适的螺栓或较短丝头，然后用手电钻在其内钻孔，将水从此孔放出而不再流到漏水处。将漏口焊好后，上螺栓或管帽，如有多余螺栓，用气焊割掉，剩余的与螺帽焊在一起，处理完漏口进行螺帽处防腐。

10. 台虎钳如何正确使用及维护？

（1）台虎钳安装在钳台上时，必须使固定钳身的钳口工作面处于钳台边缘之外，以保证夹持长条形工件时，工件的下端不受钳台边缘的阻碍。

（2）台虎钳必须牢固地固定在钳台上，两个夹紧螺钉必须扳紧，使钳身工作时没有松动现象，否则容易损坏台虎钳和影响工作质量。

（3）夹紧工件时，只允许依靠手的力量来扳动手柄，绝不能用手锤敲击手柄或随意套上长管子来扳手柄，以免丝杆、螺母或钳身损坏。

（4）在进行强力作业时，应尽量使力量朝向固定钳身，否则将额外增加丝杠和螺母的受力，造成螺纹的损坏。

（5）不要在活动钳身的光滑平面上进行敲击工作，以免降低它与固定钳身的配合性能。

（6）在丝杆、螺母和其他活动表面上，都要经常加油并保持清洁，以利润滑和防止生锈。

11. 操作砂轮机应注意哪些事项?

（1）砂轮的旋转方向应正确，使磨屑向下方飞离砂轮。

（2）启动后，待砂轮转速达到正常后再进行磨削。

（3）磨削时，要防止刀具或工件对砂轮产生剧烈碰击，或施加过大的压力。

（4）砂轮机的搁架与砂轮间的距离，一般应保持在3mm以内，否则容易造成磨削件伤人的事故。

（5）工作者尽量不要站在砂轮的对面，而应站在侧面或斜侧面。

12. 采暖管道管扣泄漏时，应怎样进行处理?

管扣泄漏一般发生在与干管或立管相连接的管箍、弯头、三角、活接头等处。泄漏的原因是安装时管扣较松，经过一段时间运行之后，麻丝和管扣腐蚀严重时，往往会从管扣的根部折断。对于腐蚀严重的管子，应在关闭控制阀门(或停汽泄水)的情况下进行换管修理；对于管扣腐蚀不严重的，虽然可以再用，但需多缠一些麻丝，安装要紧些，但要注意不要胀裂管件。对于热水采暖或上水管道的管扣连接，填料选用聚四氯塑料带或管扣密封胶效果好，而且方便、卫生。

13. 常用的普通锉如何分类?

（1）按断面形状普通锉分为板锉（平锉或扁锉）、方锉、圆锉、半圆锉和三角锉五种（图2）。其长度有4in（英寸）（100mm）、6in（150mm）、8in（200mm）、10in（250mm）、

12in（300mm）、14in（350mm）、16in（400mm）、18in（450mm）等。

（2）按齿的粗细普通锉分为粗齿、中齿、细齿、极细齿（油光锉）四种。

（3）按齿纹排列普通锉分为单齿和双齿两种。

（a）板锉　（b）方锉　（c）圆锉　（d）半圆锉　（e）三角锉

图2　普通锉刀的分类

14. 如何选择锉刀?

每种锉刀都有它适当的用途，如果选择不当，就不能充分发挥它的效能或过早地丧失切削能力。因此锉削之前，必须正确地选用锉刀。

（1）锉刀粗细的选择决定于工件加工余量的大小、加工精度和表面粗糙度的高低以及工件材料的性质。粗锉适用于加工余量大和精度、表面粗糙度要求低的工件，细锉适用于加工余量小和精度、表面粗糙度求高的工件。

（2）锉削软材料时，如果没有专用的软材料锉刀，则只能选用粗锉刀，因细齿锉刀的容屑空间小，易被切屑堵塞而失去切削能力。

（3）锉刀断面形状的选择取决于工件加工表面的形状，如平面用板锉，圆面用圆锉、半圆锉，梯形槽用三角锉等。

（4）锉刀长度的选择决定于工件加工面的大小和加工余量的大小，加工面大、加工余量大的工件宜用较长的锉刀，反之则选用较短的锉刀。

15. 研磨是什么?

用研具和研磨剂，从工件表面磨去极薄的一层，使工件具有精确的几何尺寸和很低的表面粗糙度,这种操作称为研磨。

16.螺纹连接适用的范围是什么?

螺纹连接主要用于公称直径不超过150mm、公称压力不超过1.0MPa的给水管道,或用于公称直径不超过50mm、工作压力不超过0.2MPa的饱和蒸汽管道。

17.哪几种管材的连接需要用承插连接?

常用承插连接的管材有铸铁管、混凝土管、陶瓷管、塑料管等。

18.法兰连接有哪些特点?

法兰连接的特点:拆卸方便,严密性好,接合强度高,但耗材多,造价高。

19.焊接连接的特点有哪些?

焊接连接的特点:焊口强度高,严密性好,不需要配件,成本低,使用维护方便,但不能拆卸。

20.管道支、吊架安装的一般要求有哪些?

(1)支架的横梁应牢固地固定在墙、柱子或其他建筑物上。横梁长度方向应水平,顶面应与管子中心线平行。

(2)吊架的吊杆应牢固地固定在楼板、梁或其他构筑物上,吊杆应垂直于管道(热膨胀管道除外),吊杆的长度一般能调节。

(3)固定支架必须安装在设计规定的位置,并应使管道牢固地固定在支架上,以便抵抗管道上的推力。

(4)活动支架不应妨碍管道由于热膨胀所引起的移动,管道在支架横梁或支座的金属垫块上滑动时,支架不应偏斜或使滑托卡住。热膨胀量较大的管道，支架与主、干管的连接点应远离支架，一般要求不小于200mm，以免影响主、干管的伸缩。

（5）补偿器的两侧应安装1~2个导向支架，使管道在支架上伸缩时不致偏移中心线。

（6）在保温管道上不宜采用过多的导向支架，以免妨碍管道的自由伸缩。

（7）支架的受力部件应符合设计或有关标准图的规定。

（8）支架的长度应使管道中心离墙的距离和管道中心之间的距离符合设计要求。

21. 卡套式连接有哪些特点？

卡套式连接结构简单，施工使用方便，属于活连接，由锁紧螺母、C形环、密封圈和管件或阀件本体组成。

22. 管子、管件组对焊接的基本要求是什么？

（1）两根管子焊接后，其中心线应在一条直线上，焊口处不得出弯、错口。

（2）壁厚相同的管子、管件组对时，其内壁应做到平齐。

（3）管子、管件组对时，常借助于组对工具。

（4）组对好的管子、管件，可先旋转定位焊，一般分上下、左右四处定位焊，但最少不应少于三处。定位焊的工艺措施及焊接材料应与正式焊接一致。定位焊长度一般为10~15mm，高度为2~4mm，且不应超过管壁厚度的2/3。定位焊时，如发现有裂纹等缺陷，应及时处理。

（5）管子、管件组对且定位焊好并经检查调直后再焊接，焊接时应垫牢、固定，不得搬动，不得将管子悬空处于外力作用下施焊。焊接时应尽量采用转动方法，减少仰焊，以提高焊接速度，保证焊接质量。

(6)每道焊缝均应焊透,且不得有裂纹、夹渣、气孔、砂眼等缺陷,焊缝表面成形良好。

23. 金属管道的腐蚀有哪些形式?

按照腐蚀破坏形式,有均匀腐蚀和局部腐蚀两大类。

(1)均匀腐蚀:整个金属管道表面均匀地发生腐蚀。均匀腐蚀一般危险性较小。

(2)局部腐蚀:整个金属管道仅局限于一定的区域腐蚀,而其他部位则几乎未被腐蚀。局部腐蚀可分为如下类型。

①小孔腐蚀,又称点蚀,在金属管道的某些部位,被腐蚀成一些小而深的孔,严重时发生穿孔。

②斑点腐蚀,腐蚀形态像斑点一样分布在金属管道表面上,所占面积较大,但不深。

③电偶腐蚀,两种不同电极电位的金属相接触,在一定的介质中发生的电化学腐蚀。

④应力腐蚀破裂,金属材料在拉应力和介质的共同作用下所引起的腐蚀破裂,英文缩写为SCC。

⑤晶间腐蚀,腐蚀发生在金属晶体的边缘上,晶粒间的结合力减小,内部组织变得很松弛,使得机械强度大大降低。

⑥选择性腐蚀,多元合金中的某一组分,由于腐蚀优先溶解到溶液中去,从而造成其他组分富集在合金表面上。

⑦氢脆,金属在某些介质溶液中,因腐蚀或其他原因而产生的氢原子渗入金属内部,使金属变脆,并在应力的作用下发生脆裂。

⑧磨损腐蚀,介质运动速度大或介质与金属管道相对运动速度大,而使金属管道局部表面遭受严重的腐蚀损坏的一种腐蚀形式。

⑨细菌腐蚀，指在细菌繁殖活动参与下发生的腐蚀。

⑩除上述腐蚀类型外，还有缝隙腐蚀、穿晶腐蚀、垢下腐蚀、微振腐蚀、浓差电池腐蚀、状腐蚀等。

24. 常用防腐蚀涂料有哪些？

常用防腐蚀涂料有环氧树脂防腐蚀涂料、环氧改性树脂防腐蚀涂料、环氧树脂导静电涂料、橡胶及其改性防腐蚀涂料、改性防腐蚀涂料、聚氨酯防腐蚀涂料、有机硅耐高温防腐蚀涂料、氟碳树脂涂料、塑料防腐蚀涂料、富锌涂料、玻璃鳞片衬里涂料、高氯化聚乙烯防腐蚀涂料等。

25. 对绝热材料有哪些基本要求？

（1）热导率小。

（2）保温材料密度≤300kg/m³，保冷材料密度≤200kg/m³。

（3）用于保温的硬质材料抗压强度≥0.4MPa，用于保冷的硬质材料抗压强度≥0.15MPa。

（4）能耐一定温度，且能耐潮湿和水分的侵蚀。

（5）内部不应含有对管道产生腐蚀的有害成分和杂质。

（6）不易燃烧、成本低、施工方便。

26. 管工易发生的安全事故有哪些？

管工容易发生的安全事故有以下几点：

（1）被工具砸伤或被运输车辆撞伤。

（2）被动力机械绞伤或碰伤。

（3）被土石塌方压伤。

（4）被高温物体烫伤或烧伤。

（5）被高空下落物体砸伤。

（6）缺氧窒息或中毒。

(7)触电。

27. 局部散热器不热的故障原因有哪些?

(1)管道堵塞。

(2)阀门失灵。

(3)系统排气装置位置不当或集气缸集气太多造成气塞。

(4)系统的供回水管接反。

(5)干管敷设的坡度不够、倒坡或坡度不均匀。

28. 热力管道安装的一般要求有哪些?

(1)热力管道采用架空敷设或地沟敷设。

(2)一般不采用埋地敷设。

(3)为了便于排水和放气,管道安装时,均应设有坡度。

(4)每段管道最低点要设排水装置,最高点应设放气装置。

29. 止回阀、减压阀在管路中各起什么作用?

(1)止回阀:用于自动防止管道内的介质倒流。

(2)减压阀:用于自动降低管道及设备内的介质压力。

30. 管道压力试验前应具备哪些条件?

(1)管道系统施工完毕,并符合设计要求和管道施工安装要求的有关规定。

(2)焊接和热处理工作结束,并经检验合格,焊缝及其他应检查部位未经涂漆和保温。

(3)支、吊架安装完毕,配置正确,紧固可靠。

(4)所有的法兰以及接头处均能保证便于检查。

(5)清除管线上所有临时用的夹具、堵板、盲板及旋塞等。

(6)埋地管道的标高、坐标、坡度、管基、垫层等经复查合格。试验用的临时加固措施经检查确认安全可靠。

（7）试验用的压力表已经校验合格，精度不低于1.5级，表的满刻度值为试验压力的1.5~2倍，压力表不少于2块，气压试验用的温度计的分度值不超过1℃。

（8）具有完善、经批准的试压方案。

31. 阀门型号由哪几个单元组成？

（1）阀门的类别。

（2）驱动方式。

（3）连接形式。

（4）结构形式。

（5）密封圈或衬里材料。

（6）公称压力。

（7）阀体材料。

32. 局部散热器不热的鉴别方法有哪些？

（1）采取用手触摸管道温度，发现有明显温差的地方，如果温差点在管口，可判断管道堵塞。

（2）如果温差点在阀门两端可判断阀门失灵，如果无明显温差变化，而是逐渐冷却下来到散热器不热，可判断为气堵。

33. 传热现象有哪几种形式？散热器主要传热形式是什么？

（1）传热现象有热传导、热对流和热辐射三种基本形式。

（2）散热器主要传热形式是对流换热。

34. 如何对热采暖系统运行进行调节？

（1）热水采暖系统调节可分为集中调节和局部调节。

（2）集中调节大致可分为质调节、量调节及混合调节三种方式。

(3)调节方式的采用与建筑物的稳定性、采暖系统组成、热媒参数等因素有关。

35. 对热水采暖系统运行进行调节应注意哪些问题?

(1)随时注意室外气温的变化情况,根据水温曲线图进行必要的调节。

(2)注意各采暖环路的水流量,并观察各环路的回水温度差不超过10℃。

(3)间断供暖时,应先停炉,在水温低于50℃时再慢慢停循环水泵,防止锅炉汽化。

(4)在突然停电、停泵时,应做好采暖系统的保护工作。

(5)经常检查水泵有无噪声和振动情况。

(6)热水采暖系统在运行中要按期排污和及时补水。

36. 地暖管道中存有气体怎么处理?

打开分水器上的排气阀,手动进行排气,将管路中的气体全部排出,直至放出热水后关闭排气阀即可。

37. 地热不热有哪些影响因素?

造成这种现象有以下几种因素:

(1)设计不合理,系统循环有问题。

(2)主管线压力差不够,不能达到系统设计流速。

(3)供暖温度不够,进户水温低。

(4)过滤器堵塞造成水流不畅通。

(5)地面材料热阻过大,温度不能有效释放。

(6)盘管距离不符合规范。

38. 简述地板辐射采暖施工流程。

流程:施工准备→固定分、集水器→铺设保温层和地暖反射膜→铺设埋地暖管，设置过门伸缩缝→中间验收（一次水压试验）→回填细石混凝土层→完工验收（二次水压试验）。

39. 管道工程中常用的管材有哪些？

（1）无缝钢管。

（2）焊接钢管。

（3）铸铁管。

（4）塑料管道。

（5）复合管道。

40. PP-R 管材（无规共聚聚丙烯管）的特点有哪些？

（1）重量轻、强度好、耐腐蚀、不结垢、使用寿命长。

（2）无毒、卫生，属绿色建材。

（3）耐热、保温，属节能产品。

（4）安装方便、可靠。

41. 管工常用的工具有哪些？

管工的常用工具主要有台虎钳、压力钳、管钳、活动扳手、梅花扳手、割刀、管子铰板等。

42. 什么叫层流、紊流？

凡实际流体都有层流和紊流两种流动状态，各流体微团彼此平等地分层流动，互不干扰，互不混杂的流动状态称为层流。各流体微团间强烈地混合与掺杂，不仅有沿着主流方向的运动，而且还有垂直于主流方向的运动，这种流动状态称为紊流。

43. 阀门体上常标的内容是什么？

阀门体上常标的内容有公称压力、公称直径、介质流向、温度等。

44. 阀门安装的注意事项有哪些?

(1) 阀门安装前应检查填料,其压盖螺栓应留有余量。

(2) 按设计文件核对其型号,并应按介质流向确定其安装方向。

(3) 当阀门与管道以法兰或螺纹方式连接时,阀门应在关闭状态下安装。

(4) 当阀门与管道以焊接方式连接时,阀门不得关闭,焊缝底层宜采用氩弧焊。

(5) 水平管道上的阀门,其阀杆及传动装置应按设计规定安装,动作应灵活。

(6) 安装铸铁、硅铁阀门时,不得强力连接,受力应均匀。

(7) 安装高压阀门前,必须复核产品合格证和试验记录。

45. 调节阀安装的一般要求有哪些?

(1) 调节阀的安装位置应满足工艺流程设计要求,并应尽量靠近与其有关的一次指示仪表,并尽量接近测量元件的位置,便于在手动操作时能观察一次仪表。

(2) 调节阀应尽量正立垂直安装于水平管道上,特殊情况下才可倾斜安装,但需加支撑。

(3) 为便于操作和维护检修,调节阀应尽量布置在地面或平台且易于接近的地方,与平台或地面的净空间应不小于250mm。

(4) 调节阀应安装在环境温度不高于60℃,且不低于-40℃的地方。

(5) 调节阀应安装在离振动较远的地方。

(6) 为避免旁通阀泄漏介质落在调节阀上和便于就地拆除膜头,安装时调节阀与旁通阀应错开布置。

（7）输送含有固体颗粒介质时，管道上的调节阀或DN小于25mm的小口径调节阀容易堵塞，应在入口隔断阀后增设过滤器或将旁通阀布置在调节阀的下方。

（8）在一个区域内有较多的调节阀时，应考虑形式一致、整齐、美观及操作方便。

（9）调节阀与隔断阀的直径不同时，大小头应尽量靠近调节阀安装。

（10）安装调节阀要注意介质流向，一般无要求时，调节阀的流向应与调节阀箭头所标示流向一致。

（11）当管道安装施工后进行吹扫时，调节阀应从管道上拆除，用短管代替。

（12）有热膨胀管道的调节阀组的支架，两个支架中应有一个是固定支架，另一个是滑动支架。

46. 管道上焊缝组对位置相关规定包括哪些？

（1）直管段上两环向焊缝间距应大于1.5倍管道公称直径，且应大于100mm。

（2）环向焊缝距煨制弯管起弯点的距离不得小于1.3倍管外径，且不得小于100mm。

（3）组对钢管的纵向焊缝或螺旋焊缝应错开，错开距离不应小于100mm的弧长，当管道外径小于或等于65mm时，钢管焊缝应置于两侧。

（4）有加固环的管道，加固环的接口与管道纵向焊缝或螺旋焊缝的错开距离不应小于100mm，加固环与管道环形焊缝间距不应小于100mm。

（5）管道环向焊缝严禁开孔。开孔位置与管道焊缝的间距不得小于100 mm。

（6）管道组对后方可进行定位焊接。

47. 管道组对时有哪些注意事项?

(1) 管子端部应加工坡口。

(2) 管子组对错口量不应超过壁厚的 10%,且不大于 2mm。

(3) 管子组对平直度应重点注意:当管子直径小于 100mm 时,允许偏差为 1mm。当管子公称直径大于 100mm 时,允许偏差为 2mm,但全长允许偏差为 10mm。

48. 管道安装前应具备的条件有哪些?

(1) 与管道有关的土建工程已检验合格,满足安装要求,并已办理交接手续。

(2) 与管道连接的机械设备已找正合格,固定完毕。

(3) 管道组成件及管道支撑件等已检验合格。

(4) 管子、管件、阀门等,内部已清理完毕,无杂物。对管内有特殊要求的管道,其质量已符合设计文件规定。

(5) 在管道安装前必须完成的脱脂、内部防腐与衬里等工序已进行完毕。

49. 热力管道布置的相关要求有哪些?

(1) 热力管道的布置力求短直,主干线应通过热用户密集区,并靠近热负荷大的用户。

(2) 管道的走向宜平行于厂区或建筑区域的干道或建筑物。

(3) 管道布置不应穿越电石库等由于汽、水泄漏将会引起事故的场所,也不宜穿越建筑扩建场地和物料堆场,并尽量减少与公路、铁路、沟谷和河流的交叉,以减少交叉时必须采取的特殊措施。

(4) 管道布置时,应尽量利用管道的自然弯曲作为管道受热膨胀时的自然补偿。

(5)一般在热力地沟分支处都应设置检查井,当直线管段长度在 100~150m 时,虽无地沟分支,也宜设置检查井。

50. 套丝的注意事项有哪些?

(1)板牙应依号装入铰板牙室。

(2)管口不得有斜口、毛刺、扩口等毛病。

(3)固定后卡爪不宜过紧,以能转动为宜。

(4)开始套丝时要稳而慢,不得用力过猛,避免偏口、啃丝。

(5)根据管径大小选择分几次进刀,大口径管线开始套丝时,活动标盘对准固定标盘上稍大于管径的刻度。

(6)套丝快要套至规定长度时,应边旋转边松开板牙松紧装置,再套 2~3 扣,以使丝口末端套出锥度。

(7)螺纹应端正、尖滑、无毛刺、乱扣、断丝等。

(8)套丝应分 2~3 次完成。

51. 管钳的正确使用方法及维护保养有哪些方面?

(1)使用方法:

①首先应根据所要旋拧的管件选择管钳,既能满足工作要求,又能减小劳动强度。

②旋转管钳的调节螺母,使管钳的开口与所要旋拧的管件相适应。

③用管钳卡住管件,按顺时针方向旋拧,直至达到要求。

(2)维护保养:

①管钳的调节螺母与丝杠间应经常加润滑油,防止生锈。

②管钳使用时应注意方向,不可反用。

③管钳用后应摆放或悬挂在工具箱内指定位置。

52. 管道受热伸长量都与哪些因素有关？

（1）管材的线膨胀系数。

（2）管道的计算长度。

（3）输送介质温度。

（4）管道安装时温度。

二、HSE 知识

（一）名词解释

1. 保护接零：在正常情况下，将电气设备不带电的导电部分与低压配电网的零线连接起来，防止漏电发生触电事故。

2. 保护接地：在正常情况下，将电气设备不带电的导电部分与接地体连接起来，防止漏电发生触电事故。

3. 触电：电流通过人体与大地或其他导体形成回路。

4. 燃烧：凡物质与氧气化合时，产生大量的热和光的现象。

5. 着火：可燃物受外界火源直接作用而开始的持续燃烧。

6. 火灾：在时间或空间上失去控制的燃烧造成的灾害。

7. 冷却法：将灭火剂直接喷射到燃烧物上，以降低燃烧物温度于燃点之下，使燃烧停止的灭火方法。

8. 窒息法：用于降低氧气浓度来灭火的方法。

9. 隔离法：关闭有关阀门，且切断流向火区的可燃气体和液体通道的灭火方法。

10. 高空作业：凡是在坠落高度基准面 2m（含 2m）以上，

有可能坠落的高处作业称为高空作业。

11. 噪声：物体的复杂振动由许许多多频率组成，而各频率之间彼此不成简单的整数比，这样的声音听起来就不悦耳也不和谐，还会使人烦躁，这种频率和强度都不同的各种声音的杂乱组合而产生的声音被称为噪声。

（二）问答

1. 人体发生触电的原因是什么？

在电路中，人体的一部分接触相线，另一部分接触其他导体，就会发生触电。触电的原因：

（1）违规操作。

（2）绝缘性能差，接地保护失灵，设备外壳带电。

（3）工作环境过于潮湿，未采取预防触电措施。

（4）接触断落的架空输电线或地下电缆漏电。

2. 触电分为哪几种？

触电主要分为单相触电、两相触电、跨步电压触电三种。

3. 安全用电注意事项有哪些？

（1）手潮湿（有水或出汗）不能接触带电设备和电源线。

（2）各种电气设备，如电动机、启动器、变压器等金属外壳必须有接地线。

（3）电路开关一定要安装在火线上。

（4）在接、换熔断丝时，应切断电源。熔断丝要根据电路中的电流大小选用，不能用其他金属代替熔断丝。

（5）正确地选用电线，根据电流的大小确定导线的规格及型号。

（6）人体不要直接与通电设备接触，应用装有绝缘柄的工具（绝缘手柄的夹钳等）操作电气设备。

（7）电气设备发生火灾时，应立即切断电源，并用二氧化碳灭火器灭火，切不可用水或泡沫灭火器灭火。

（8）高大建筑物必须安装避雷器，如发现温升过高，绝缘下降时，应及时查明原因，消除故障。

（9）发现架空电线破断、落地时，人员要离开电线地点8m以外，要有专人看守，并迅速组织抢修。

4. 燃烧必须具备哪几个条件?

燃烧必须具备三个条件：

（1）要有可燃物，如木材、纸张、棉纱、汽油、煤油、润滑油。

（2）要有助燃物，即空气中的氧气或纯氧。

（3）要达到着火的温度，即达到物质的燃点。着火的三要素必须同时存在，缺少一个也不能燃烧。

5. 火灾过程一般分为哪几个阶段?

火灾过程一般可分为初起阶段、发展阶段、猛烈阶段、下降阶段和熄灭阶段。

6. 扑救火灾的原则是什么?

（1）报警早，损失少。

（2）边报警，边扑救。

（3）先控制，后灭火。

（4）先救人，后救物。

（5）防中毒，防窒息。

（6）听指挥，莫惊慌。

7. 灭火有哪些方法?

灭火方法有冷却法、窒息法、隔离法三种。

8. 目前油田常用的灭火器有哪些?

目前油田常用的灭火器有泡沫灭火器、二氧化碳灭火器、干粉灭火器等。

9. 如何报火警?

一旦失火,要立即报警,报警越早,损失越小,打电话时,一定要沉着。首先要记清火警电话"119",接通电话后,要向接警中心讲清失火单位的名称地址、什么东西着火、火势大小以及火的范围。同时还要注意听清对方提出的问题,以便正确回答。随后,把自己的电话号码和姓名告诉对方,以便联系。打完电话后,要立即派人到交叉路口等待消防车的到来,以利于引导消防车迅速赶到火灾现场。还要迅速组织人员疏散消防通道,消除障碍物,使消防车到达火场后能立即进入最佳位置灭火救援。

10. 对火灾事故"四不放过"的处理原则是什么?

(1)事故原因分析不清不放过。
(2)事故责任者和群众没有受到教育不放过。
(3)事故责任者没有受到处罚不放过。
(4)没有整改措施不放过。

11. 为什么要使用防爆电气设备?

有石油蒸气的场所,电气设备发生短路、碰壳接地、触头分离等情况,会产生电火花,可能引起油蒸气爆炸,因此,在有石油蒸气场所,必须使用防爆型电气设备。

12. 哪些场所应使用防爆电气设备?

在输送、装卸、装罐、倒装易燃液体的作业场所应使用防爆电气设备;在传输、装卸、装罐、倒装可燃气体的作业场所应使用封闭式电气设备。例如，在石油蒸气聚集较多的轻油泵房、轻油罐桶间等场所，所使用的电动机、启动器、开关、漏电保护器、接线盒、插座、按钮、电铃、照明灯具等，都必须是防爆电气设备。

13. 高空作业级别是如何划分的?

（1）作业高度在 2~5m 时，称为一级高空作业。

（2）作业高度在 5~15m 时，称为二级高空作业。

（3）作业高度在 15~30m 时，称为三级高空作业。

（4）作业高度在 30m 以上时，称为特级高空作业。

14. 登高巡回检查应注意什么?

（1）五级以上大风、雪、雷雨等恶劣天气，禁止登高检查。

（2）禁止攀登有积雪、积冰的梯子。

（3）2m 以上的登高检查和作业时必须系安全带。

15. 安全带通常使用期限为几年?几年抽检一次?

安全带通常使用期限为 3~5 年，发现异常应提前报废。一般安全带使用 2 年后，按批量购入情况应抽检一次。

16. 使用安全带时有哪些注意事项?

（1）安全带应高挂低用，注意防止摆动碰撞，使用 3m 以上的长绳时应加缓冲器，自锁钩用吊绳例外。

（2）缓冲器、速差式装置和自锁钩可以串联使用。

（3）不准将绳打结使用，也不准将钩直接挂在安全绳上使用，应挂在连接环上用。

（4）安全带上的各种部件不得任意拆卸，更换新绳时应注意加绳套。

17. 哪些原因容易导致发生机械伤害？

（1）工件、夹具、刀具不牢固，导致工件飞出伤人。

（2）设备缺少安全防护设施。

（3）操作现场杂乱，通道不畅通。

（4）金属切屑飞溅等。

18. 烧烫伤急救要点是什么？

（1）迅速熄灭身体上的火焰，减轻烧伤。

（2）用冷水冲洗、冷敷或浸泡肢体，降低皮肤温度。

（3）用干净纱布或被单覆盖和包裹烧伤创面，切忌在烧伤处涂各种药水和药膏。

（4）可给烧伤伤员口服自制烧伤饮料糖盐水，切忌给烧伤伤员喝白开水。

（5）搬运烧伤伤员，动作要轻柔、平稳，尽量不要拖拉、滚动，以免加重皮肤损伤。

19. 高空坠落急救要点是什么？

（1）坠落在地的伤员，应初步检查伤情，不要搬动摇晃。

（2）立即呼叫"120"急救电话，请求救治。

（3）采取初步急救措施：止血、包扎、固定。

（4）注意固定颈部、胸腰部脊椎，搬运时保持动作一致平稳，避免脊柱弯曲扭动加重伤情。

第三部分 基本技能

一、操作技能

1. 加工管螺纹

准备工作：

(1) 正确穿戴劳动保护用品。

(2) 设备、工用具、材料准备：三脚架、绞板、板牙、机油、毛刷、管段等。

操作步骤：

(1) 管螺纹加工前，先将管子端头的毛刺处理掉，管口要平直。

(2) 将管子固定在龙门钳头上，需加工管螺纹的一端管子应伸出 200mm，在管端加工螺纹部分涂以润滑油。

(3) 把绞板装置放到底，并把活动标盘对准固定标盘上比管子直径稍大一些的刻度。上紧标盘的固定把，随后将后套推入管内，使板牙的切削牙齿对准管端，这时使张开的板牙合拢，关紧后套（不要太紧，能使绞板转动为宜），进行第一遍管螺纹加工。

（4）第一遍加工好后，将后套松开，松开板牙，取下铰板。将活动标盘上对准固定标盘上与管子直径相应的刻度，使板牙合拢，进行第二遍螺纹加工。

（5）加工的螺纹应完整，无断丝、螺纹裂纹现象。

（6）加工好的管螺纹要有锥度，并符合标准要求。

（7）板牙编号位置配置正确，防止乱牙现象。

（8）在套丝时不要用力过猛，防止啃掉螺纹。

（9）在套制过程中要加机油冷却。

（10）套丝不要一遍完成，应分 2~3 次完成。

操作安全提示：

（1）管子要夹持牢固，以免管子脱落伤害自己。

（2）套丝时不要用手去拨铁屑和刀刃。

（3）加工完的管螺纹不要用手去触摸，避免烫伤。

2. 钻削及攻丝

准备工作：

（1）正确穿戴劳动保护用品。

（2）设备、工用具、材料准备：台钻、样冲、手锤、划规、机油、平口钳、台虎钳、手用攻丝工具以及相应的材料。

操作步骤：

（1）钻削。

①在工件上定出孔的中心，划出孔径，检查无误后在孔径圆周上用样冲冲眼，孔中心的冲眼要大一些，这样在钻孔时钻头易对准。

②把工件牢固地固定在平口钳台上。

③开动钻床移动钻头，对准孔的中心冲眼先试钻一浅锥坑，上提钻头观察钻出的锥坑与孔径划线圆是否同心，确认

无误，则可以进行钻孔。如果不同心，可移动工件或钻床主轴位置来纠正。

④在钻孔时要加机油冷却、润滑。

⑤钻通之后停止操作，冷却后进行质量检查。

⑥质量要求：钻孔表面平整，无偏心现象。

（2）攻丝。

①要先钻出底孔，并加工倒角。

②把工件固定台虎钳上。

③正确选用头锥并安装完毕，然后对准底孔进行操作，在操作时要加入机油冷却和润滑。

④头锥操作完成后换成二锥进行攻丝操作。

⑤钻头钻出底孔要稍大一些，并加工倒角。

⑥选择适合的冷却液。

⑦攻盲孔螺纹时，要及时退出丝锥清除切屑，并注意是否攻到底，防止折断丝锥。

⑧开始用头锥攻螺纹时，必须先旋入1~2圈，目测检查丝锥是否与孔的端面垂直，然后轻压铰杠均匀旋入。

操作安全提示：

（1）工件要夹持牢固，避免在加工时工件飞出伤害自己。

（2）钻孔前要检查设备的安全性能，使之处于良好的安全工作状态。

（3）钻孔时戴好护目镜，不要戴手套。

3. 手锯切割角钢

准备工作：

（1）正确穿戴劳动保护用品。

（2）设备、工用具、材料准备：角钢50mm×50mm、长500mm，手锯1把、锯条若干根、带台钳的工作台1个、弯尺、石笔。

要求：锯割长度为400mm一段。

操作步骤：

(1) 对角钢进行宏观检查无缺陷，用弯尺检查一侧为直角，以此边为基准量取400mm做好标记，并用角尺划出切割线。

(2) 锯割前要把角钢槽向下固定在台钳上，锯割线伸出台钳100mm左右。

(3) 锯割时可选用手锯。手锯安装锯条时，锯齿尖应朝前，不能装反，锯条的松紧可用锯弓上的蝶形螺母调节，不能过松，也不能过紧，否则容易折断锯条。

(4) 先锯割上平面，起锯时，速度要慢，用力不要过大，锯条与角钢夹角为15°，用力大小、往返速度都应一致。

(5) 若锯路歪斜，可将手锯方向相互调换一下，锯割时锯条应直线往返，不得左右摆动，前推时均匀加压，返回时则轻轻滑过。往返的速度以30~40次／min为宜。锯割时应保持锯条全长工作，以免锯条局部磨钝。快要锯通时要缓慢用力，往返速度要慢，直至锯通为止。

(6) 松开角钢把另一个面固定在台钳上，按照以上的步骤进行锯割，直到锯断为止。为了减少摩擦、带走热量、延长锯条使用寿命，可用机油等冷却润滑。

操作安全提示：

(1) 角钢固定牢固。

(2) 锯割时用力应均匀一致，防止折断锯条造成手脸伤害。

(3) 操作者要站稳，两条胳膊用力来回运动，不能把身体的重量加到锯弓上。

4. 检验管材

准备工作：

(1) 正确穿戴劳动保护用品。

(2) 设备、工用具、材料准备：卷尺、游标卡尺等。

操作步骤：

(1) 对管材的规格、材质、型号和产品质量证明书、出厂合格证、说明书进行核对。对质量若有疑问时，必须按供货合同和产品标准进行复检，其性能指标应符合现行国家或行业标准的有关规定。

(2) 管材表面质量应符合设计或制造标准的有关规定。

(3) 钢管外径及壁厚尺寸偏差应符合国家的钢管制造标准。

(4) 卷管直径大于 600mm 时，允许有两道纵向焊缝，两焊缝间距应大于 300mm。

(5) 卷管组对两纵缝间距应大于 100mm，支管外壁距纵、环向焊缝不应小于 50mm，若焊缝用无损探伤检查时，不受此限。

(6) 卷管对接纵缝的错边量不应超过壁厚的 10%，且不大于 1mm。如超过规定值，应选用两相邻偏差值较小的管子对接。

(7) 卷管的周长偏差及椭圆度应符合有关国家现行标准的规定。

(8) 卷管端面与中心线的垂直偏差不应大于管子外径的 1%，且不大于 3mm。平直度偏差不应大于 1mm/m。

(9) 卷管在加工过程中，所有的板材的表面应避免机械损伤。有严重伤痕的部位应修磨，并使其圆滑过渡。修磨处的深度不得超过板材的 10%。

（10）有特殊要求的管材，应按设计的要求订货，并按其要求进行检验。

5. 检验管件、紧固件

准备工作：

（1）正确穿戴劳动保护用品。

（2）设备、工用具、材料准备：卷尺、游标卡尺等。

操作步骤：

（1）对管道组成件的规格、材质、型号和产品质量证明书、出厂合格证、说明书等进行核对。对质量若有疑问时，必须按供货合同和产品标准进行复检，其性能指标应符合现行国家或行业标准的有关规定。

（2）管道组成件在使用前应进行外观检查，其表面质量应符合设计或制造标准的有关规定。

（3）弯头、异径管、三通、法兰、垫片、盲板、补偿器及紧固件等，其尺寸偏差应符合现行国家或行业标准的有关规定。

（4）管件及紧固件使用前确认下列项目符合国家或行业技术标准的有关规定：

①化学成分。

②热处理后的机械性能。

③合金钢管件的金相分析报告。

④管件及紧固件的无损探伤报告。

（5）高压管件及紧固件技术要求应符合 JB/T 450—2008《锻造角式高压阀门 技术条件》的有关规定。

（6）法兰质量应符合下列要求：

①法兰密封面应光滑平整，不得有毛刺、划痕、径向沟槽、砂眼及气孔。

②对焊法兰的尾部坡口处不应有碰伤。

③螺纹法兰的螺纹应完好无断丝。

④法兰螺栓中心圆直径允许偏差为 ±0.3mm；法兰厚度允许偏差为 ±1.0mm；相邻两螺栓孔中心间距的允许偏差为 ±0.3mm，任意两孔中心间距允许偏差为 ±1.0mm。

（7）酸性环境中使用的管件、紧固件，应按设计要求进行处理，合格后方可使用。

（8）法兰连接件，如螺栓、螺母、缠绕式垫片等应符合装配要求，不得有影响装配的划痕、毛刺、翘边及断丝等缺陷。

（9）用于高压管道上的螺栓、螺母应符合现行有关国家标准的规定，使用前应从每批中各取 2 根（个）进行硬度检查，不合格时加倍检查；仍有不合格时，逐个检查，不合格者不得使用。当直径大于或等于 M30 且工作温度大于或等于 500℃时，应逐根进行硬度检查，螺母硬度不合格不能使用；螺栓硬度不合格，取最高、最低各一根校验机械性能，若有不合格，取硬度相似的螺栓加倍校验，仍有不合格，则该批螺栓不得使用。

（10）三通的检验及其质量应符合下列要求：

①主管应按支管实际内径开孔，孔壁应平整光滑，孔径允许偏差应为 ±0.5mm。

②主管开孔和支管坡口周围应清洁，无脏物、油渍和锈斑。

③三通端面坡口角度应为 35°±5°，钝边应为 1.0~2.0mm。

④支管与主管垂直度允许偏差不应大于支管高度的 1%，且不得大于 3mm。

⑤各端面垂直度的允许偏差不得大于钢管外径的1%,且不得大于3mm。

⑥加强板焊缝外观质量应符合设计要求。

⑦三通的检查应按设计要求进行,其壁厚、减薄量等必须满足要求。

(11)弯头的检验及其质量应符合下列要求:

①弯头外观不得有裂纹、分层、褶皱、过烧等缺陷。

②弯头壁厚减薄量应小于厚度的10%,且实测厚度不得小于设计计算壁厚。

③弯头坡口角度应为35°±5°,钝边应为1.0~2.0mm。

④弯头的端面偏差、弯曲角度偏差及圆度、曲率半径偏差,应符合表2的要求。

表2 弯头弯曲允许偏差

检查项目	公称直径,mm			
	25~65	80~100	125~200	≥250
端面偏差,mm	≤1.0	≤1.0	≤1.5	≤1.5
曲率半径偏差,mm	±2	±3	±4	±5
弯曲角度偏差	±1°	±1°	±1°	±1°
圆度偏差	不超过公称直径的1%			

(12)弯管的检验及其质量要求应符合下列规定:

①弯管内外表面应光滑,无裂纹、疤痕、褶皱、鼓包等缺陷。

②弯管的尺寸偏差应符合表3的规定。

③弯管直径应与相连接管子内径一致。

第三部分 基本技能

表3 弯管及异径管允许偏差

检查项目	公称直径，mm						
	25~70	80~100	125~200	250~400	500	600	700
外径偏差（无缝），mm	±1.0	±1.6	±2.0	±2.5			
外圆周长偏差（有缝），mm					±4.0		±5.0
壁厚减薄量	中压不大于12.5%壁厚，高压不大于10%壁厚						
长度偏差（弯管指半径），mm	≤2.0				≤3.0		
端面倾斜度，mm	≤1.0				≤1.5		
圆度	不超过公称直径的1%						

（13）异径管的检验及其质量要求应符合下列要求：

①异径管的壁厚应大于大径端管段的壁厚。

②异径管的圆度不应大于相应端外径的1%，且不大于3mm；两端中心线应重合，其偏心值不应大于5mm。

6.检验阀门

准备工作：

（1）正确穿戴劳动保护用品。

（2）设备、工用具、材料准备：卷尺、盘尺、游标卡尺等。

操作步骤：

（1）对阀门的规格、材质、型号和产品质量证明书、出厂合格证、说明书进行核对。对质量若有疑问时，必须按供货合同和产品标准进行复检，其性能指标应符合现行国家或行业标准的有关规定。

（2）阀门应有产品合格证，电动、气动、液压、气流联动、气液动、电液动、电磁液动、电磁动等阀门应有安装使用说明书。

(3) 阀门试验前应进行外观检查,其外观质量应符合下列要求:

①阀体、阀盖、阀外表面无气孔、砂眼、裂纹等缺陷。

②阀体内表面平滑、洁净,闸板、球面等与其配合面应无划伤、凹陷等缺陷。

③垫片、填料应满足介质要求,安装正确。

④螺栓、连接法兰、内外螺纹应符合技术要求。

⑤丝杠、手轮、手柄无毛刺、划痕,且传动机构操作灵活、指示正确,能完全到位。

⑥其他阀门(电动、气动等)、各种零件齐全完好,无松动现象。

⑦铭牌完好无缺,标记齐全正确。

(4) 阀门的强度和密封性试验应符合下列规定:

①试压用压力表精度不应低于 1.5 级,并经校验合格。

②阀门的检验范围应为:公称直径小于或等于 50mm 且公称压力小于或等于 1.6MPa 的阀门,从每批中抽查 10%,且不少于 1 个;若有不合格,再抽查 20%;若仍有不合格,应逐个检查试验此批阀门。公称直径大于 50mm 或公称压力大于 1.6MPa 的阀门应全部进行检查。

③阀门应用清水进行强度和密封试验,强度试验压力应为工作压力的 1.5 倍,稳压不小于 5min,壳体、垫片、填料等不渗漏、不变形、无损坏,压力表不降为合格。密封试验压力应为工作压力,稳压 15min,不内漏、压力表不降为合格。

(5) 安全阀安装前应进行压力调试,其开启压力为工作压力的1.05~1.15倍。回坐压力应为工作压力的0.90~1.05倍,调试不少于3次。调试合格后铅封,并填写记录。

(6)应按出厂说明书检查液压球阀驱动装置,压力油应在油标三分之二处,各部驱动灵活。

(7)检查电动阀门的传动装置和电动机的密封、润滑部分,使其传动和电气部分灵活好用,并调试好限位开关。

(8)各种垫片应符合下列要求:

①石棉橡胶、橡胶、塑料等非金属垫片应质地柔韧,无老化或分层现象。表面不应有折损、皱纹等缺陷。

②金属垫片的加工尺寸、精度、粗糙度及硬度等应符合要求,表面应无裂纹、毛刺、凹槽、径向划痕及锈斑等缺陷。

③包金属及缠绕式垫片不应有径向划痕、松散、翘曲等缺陷。

7. 手工冷煨制 DN25mm 以下钢管

准备工作:

(1)正确穿戴劳动保护用品。

(2)设备、工用具、材料准备:手动弯管机,小型钢平台,开口扳手,圆弧样板,2m钢卷尺1个,滑石笔1支,挡板若干块,0.5kg手锤1把,0.75mm薄铁板0.3m²。

操作步骤:

(1)在平台上按图样尺寸放样,画出部分圆弧。

(2)在平台上放样时,应把圆弧直径适当缩小,留出圆管的反弹量。

(3)在圆弧里侧点焊若干挡板,外侧一端再点焊一块挡板。

(4)里侧挡板间距要适当,里外侧挡板横向距离应以

100mm左右为宜。

（5）弯管的弯曲半径不宜小于300mm。

（6）将钢管插入里外侧挡板之间，沿里侧挡板均匀用力进行煨制。

（7）煨好一段后，松开钢管，插入一部分再重复煨制下一段钢管。

（8）达到规定长度后，对已煨制完的弯管进行校圆，直至合格。

操作安全提示：

（1）使用弯管机时，用力要均匀，禁止用力过猛，防止落地伤人。

（2）弯管作业时，作业区周围不准有人，要有防止管子突然崩弹的措施。

8. 手工热煨制 DN50mm 以下钢管

准备工作：

（1）正确穿戴劳动保护用品。

（2）设备、工用具、材料准备：2m钢卷尺1个，滑石笔1支，500mm×250mm钢角尺（90°）1把，圆弧样板，划规，0.5kg手锤1把，1号管子台虎钳1个，砂子若干千克（砂径1~2mm），管堵头2个，气焊设备1套。

操作步骤：

（1）将管子内装满砂子，打实、封口，砂径1~2mm，干净、无杂质，敲痕不大于0.5mm。

（2）计算加热长度并划线做出标记，升温要缓慢，加热要均匀，加热温度一般在85~95℃之间。

（3）在平台上点焊几块挡板将管子一端固定。

（4）对划线部位加热煨制。

（5）检查煨制弧度、椭圆度，并进行校正，弯管表面应无过烧，椭圆度不应大于8%，煨制焊管时，焊缝位置应在煨弯方向45°处。

（6）冷却清砂。

操作安全提示：

煨管时管内必须装满沙子并打实，确认胎具牢固、可靠、安全，操作时人不能对着管子。

在操作时，要注意安全，防止烫伤。

（3）5级以上大风天，禁止操作。

9. 组对管件

准备工作：

（1）正确穿戴劳动保护用品。

（2）设备、工用具、材料准备：0.75kg手锤，1m钢板尺，500mm×250mm钢角尺（90°），2m钢卷尺，法兰弯尺，角式磨光机，氧气—乙炔切割炬，电焊工具。

操作步骤：

（1）管段与管段组对。

①将钢管接口处两侧20mm范围内除锈至见金属光泽，管段端部必须用机加工方法加工坡口。

②在平台上将两根钢管端部对正，留出适当间隙并点焊1点。

③用钢板尺在另一侧检查直线度，用手锤找正，合格后再点焊1点。

④重复③的步骤，将钢管4个中心位置点焊牢固，然后施焊。

（2）弯头短节组对。

①将管子端部与弯头端部对正，管端应加工相应坡口。

②调整组对间隙,管壁厚度 δ 小于 9mm,组对间隙应为 1~2.5mm;δ 不小于 9mm,间隙应为 1~3.5mm。

③点焊与弯头中心线垂直的上面一点。

④用钢板尺检查弯头短节的平面度,点焊与弯头中心线垂直的下面一点。

⑤点焊弯头弯曲中心线上的任意一点。

⑥调整组对角度,利用勾股定理公式直接测量弯头短节两管段斜边长是否满足计算数值,见图 3,然后点焊弯头弯曲中心线上的另一点(图中 n 根据现场实际情况为便于操作可取 100mm 的整数倍,如 100,200,300 等)。

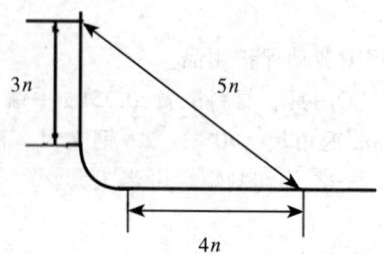

图 3　弯管组对角度找正示意图

(3) 异径管组对。

①将所需工具及管段等放在平台上,管端应用机械方法加工坡口。

②将管端与异径管端部对正。

③调整组对间隙,并点焊 1 点。

④用角尺及板尺进行找正,与上一焊点对应处再点焊 1 点。

⑤仍用角尺、板尺找正,在与两焊点成 90°方向处分别点焊两点。

(4)平焊法兰短节组对。

①将所需各种工具摆放在平台上,测量钢管外径与法兰内径。

②将平焊法兰套入钢管内。

③留好管口与法兰密封面间的距离。

④调整好管外径与法兰内径间隙。

⑤任意点焊一处。

⑥用法兰弯尺找正,在与该点焊处对应的位置点焊。

⑦在与两焊点成90°方向位置用法兰弯尺找正。

⑧点焊对应两点。

操作安全提示:

(1)用电设备必须保证接地和绝缘良好。

(2)操作人员带好护目镜和防护手套。

(3)打锤时不能戴手套,而且锤柄要握牢。

(4)作业前必须检查设备与环境,以满足施工需要。

(5)管道固定牢固。

10. 组对管段的操作

准备工作:

(1)正确穿戴劳动保护用品。

(2)设备、工用具、材料准备:0.75kg手锤1把,500mm×250mm钢角尺(90°)1把,500mm板尺1把,2m钢卷尺1把,ϕ100mm角式磨光机1台,氧气—乙炔工具1套,电焊设备1套,预制平台1块,ϕ89mm×4mm管段适量。

操作步骤:

(1)管口修磨(气割或砂轮机打磨)和坡口打磨。

(2)将钢管接口处两侧20mm范围内除锈至见金属光泽。

(3)在平台上将两根钢管端部对正,留出适当间隙并点焊1点。

（4）用钢板尺在另一侧检查直线度，见图4，用手锤找正，合格后再点焊1点。

（5）重复（3）的步骤，将钢管4个中心位置点焊牢固，然后施焊。

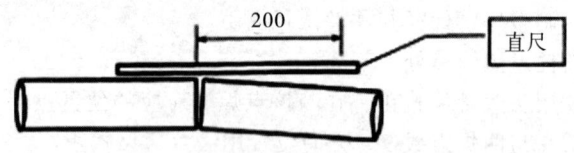

图4　管段与管段组对

操作安全提示：

（1）用电设备必须保证接地和绝缘良好。

（2）操作人员带好护目镜和防护手套。

（3）打锤时不能戴手套，而且锤柄要握牢。

（4）作业前必须检查设备与环境，以满足施工需要。

（5）管道固定牢固。

11. 组对弯头与管段的操作

准备工作：

（1）正确穿戴劳动保护用品。

（2）设备、工用具、材料准备：0.75kg手锤1把，500mm×250mm钢角尺（90°）1把，500mm板尺1把，2m钢卷尺1把，ϕ100mm角式磨光机1台，氧气—乙炔工具1套，电焊设备1套，预制平台1块，ϕ89mm×4mm管段适量，DN80mm弯头1个。

操作步骤：

（1）将所用工具摆放到平台上，进行管口修磨（气割或砂轮机打磨）和坡口打磨。

(2)将管口周围20mm范围打磨至露出金属光泽。
(3)将管子端部与弯头端部对正。
(4)调整组对间隙。
(5)点焊与弯头中心线垂直的上面一点。
(6)用钢板尺检查弯头短节的平面度,见图5,点焊与弯头中心线垂直的下面一点。

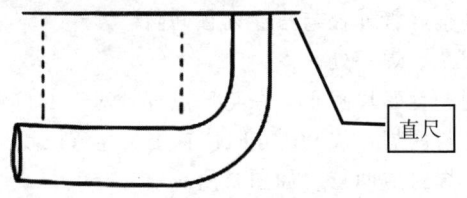

图5 弯头短节组对

(7)点焊弯头弯曲中心线上的任意一点。
(8)调整组对角度,合格后点焊4点,然后进行焊接。

操作安全提示:
(1)用电设备必须保证接地和绝缘良好。
(2)操作人员带好护目镜和防护手套。
(3)打锤时不能戴手套,而且锤柄要握牢。
(4)管道固定牢固。

12. 组对法兰与管段的操作

准备工作:
(1)正确穿戴劳动保护用品。
(2)设备、工用具、材料准备:0.75kg手锤1把,500mm×250mm钢角尺(90°)1把,500mm板尺1把,2m钢卷尺1把,法兰弯尺(现场自制)1把,ϕ100mm角式磨光机1台,氧气—乙炔工具1套,电焊设备1套,预制平台1块,ϕ89mm×4mm管段适量,DN80mm法兰1片。

操作步骤：

（1）将所需各种工具摆放在平台上，测量钢管外径与法兰内径。

（2）将管口周围 20mm 范围打磨至露出金属光泽。

（3）将平焊法兰套入钢管内，如图 6 所示。

（4）留好管口与法兰密封面间的距离。

（5）调整好管外径与法兰内径间隙。

（6）任意点焊一处。

（7）用法兰弯尺找正，在与该点焊处对应的位置点焊。

（8）在与两焊点成 90°方向位置用法兰弯尺找正。

（9）点焊对应两点，如图 7 所示。

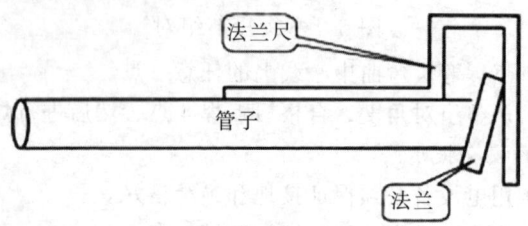

图 6　平焊法兰短节组对图

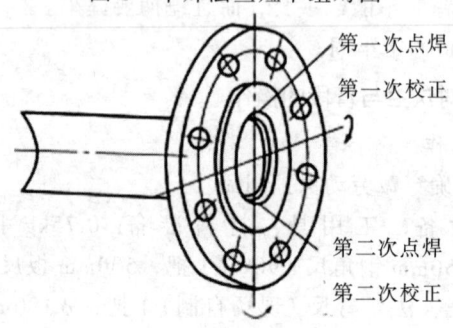

图 7　法兰的点焊

操作安全提示：

(1) 用电设备必须保证接地和绝缘良好。
(2) 操作人员带好护目镜和防护手套。
(3) 打锤时不能戴手套,而且锤柄要握牢。

13. 连接平焊法兰

准备工作:

(1) 正确穿戴劳动保护用品。

(2) 设备、工用具、材料准备:0.75kg手锤1把,500mm钢角尺(90°)1把,2m钢卷尺1把,500mm水平尺、石笔若干,电焊机设备1套,气焊设备1套,300mm活动扳手2把,角向磨光机1台,操作平台(含V形填铁)1套,J422碳钢焊条(ϕ3.2mm)若干,PN1.6MPa、DN50mm的碳钢平焊法兰2块,3mm的橡胶石棉垫1片,M16mm×70mm半精制六角头螺栓4套,ϕ57mm×3.5mm碳钢管2段。

操作步骤:

(1) 操作前的检查。

①所备各种材料均需厂家提供产品合格证,并核验后使用。

②法兰的各部尺寸应符合标准或设计要求,法兰表面应光滑,不得有砂眼、裂纹、斑点、毛刺等降低法兰强度和连接可靠性的缺陷。

③法兰成品垫片应检查核实其材质,尺寸应符合标准和设计要求,软垫片质地应柔韧、无老化变质现象,表面不应有折损、皱纹等缺陷。

④螺栓及螺母的螺纹应完整,无伤痕、毛刺等缺陷,螺栓、螺母应配合良好,无松动和卡涩现象。

(2) 法兰与管子的组焊。

①法兰与管子组装前,要用弯尺对管子端面进行检查,

使管口端面倾斜尺寸小于1.5mm。

②将检查合格的管子垫起来,用水平尺找平,再将法兰套入管端,管端面与法兰密封面之间应留有一定的距离(一般为管壁厚的1.5倍),同时要用法兰弯尺检查法兰的垂直度,其垂直偏斜度不大于1mm为合格。

③点焊法兰时,应在圆周上均匀地点焊4处。首先在上方点焊1处,用法兰弯尺沿上下方向校正法兰位置,使法兰密封面垂直于管子的中心线;然后在下方点焊第2处,用法兰弯尺沿左右方向校正法兰位置,合格后再点焊左右的第2处。

④对组对结果校核无误后,正式实施法兰与管子的焊接工作。先焊法兰的内口,后焊法兰的外口,为防止法兰变形,应按对称方向进行分段焊接。

⑤法兰焊接结束后,应将管内外焊缝药渣及飞溅物清除干净,特别是法兰密封面上不得留有任何杂物。

(3)平焊法兰的螺栓连接。

①当设计无规定时,应注意使法兰螺栓孔处于跨心安装位置,确保法兰螺栓孔经常处于同心状态,便于拆装。

②法兰与法兰对接连接时,两密封面应保持平行,其误差不大于0.1mm。为达到此标准要求,日常工作中往往采取先把配对法兰与管子进行组对点焊,后拆下螺栓进行正式焊接的做法。

③法兰连接时,应仔细检查并除去法兰密封面上的油污、泥垢等杂质,将事先准备好的螺栓按同一方向穿入配对法兰的螺栓孔中,用手带紧螺母,同时将垫片均匀放置于两法兰密封面之间,选用300mm活动扳手先将间隙较大的一边拧紧,再按对称的顺序拧紧所有螺栓,不得遗漏且不可一

次拧紧。

④螺栓的长度应在拧紧螺母后露出0~3圈螺纹（3mm左右）为宜，当工作温度高于100℃的管道安装法兰时，应将螺栓的螺纹部分涂一层石墨粉与机油的调和物，以便于拆卸。

⑤螺栓应与法兰紧贴，不得有楔缝，需要加设垫圈时，每个螺栓不应超过1个。

⑥法兰连接发生偏口、错口、张口过大等不合格现象时，应切除重焊，不得强行上紧。

⑦法兰连接好后，应与管道系统一同试压，发现渗漏，需要更换垫片或找出存在的问题并及时进行处理直至合格。

操作安全提示：

（1）必须选用合适好用的扳手，以防由于用力时扳手松脱而发生安全事故。

（2）操作应绑好安全带，扳手也要绑上安全绳，以防扳手松脱时由于用力过猛而从高处摔下来或扳手掉下伤人。

（3）拧紧螺栓时用力要适当，不要用力过猛或用套管加长扳手，以免损坏扳手和螺栓，如站立不稳时还会造成坠落事故。

（4）操作之前检查电源、设备及工具的完好性，确保安全后方可使用。

14. 组对法兰三通管件

准备工作：

（1）正确穿戴劳动保护用品。

（2）设备、工用具、材料准备：0.75kg手锤1把，500mm×250mm弯尺1把，2m卷尺1把，450mm锉刀1把，绘图工具1套，ϕ100mm角向磨光机1台，氧气—乙炔工具

1套,电焊设备1套,J422碳钢焊条(ϕ3.2mm)若干,1m钢直尺1把,ϕ114mm×5mm碳钢管段、ϕ60mm×3.5mm碳钢管段足量,DN50mm法兰片1片。

操作步骤:

(1)根据图8所示,核对材料,不符合规范要求的材料不得使用。

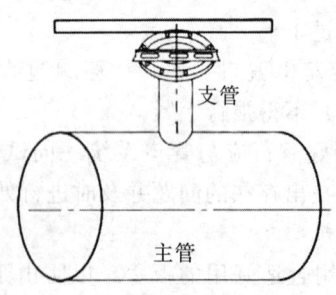

图8 法兰组对示意图

(2)支管预制:绘制马鞍样板,支管下料,清理管口。

(3)马鞍组对:确定马鞍组对位置,用弯尺进行检测,合格后点焊4点。

(4)焊接:在自由状态下进行焊接。

(5)法兰组对:定出法兰组对位置,把法兰套在支管上,用板尺比住法兰相邻两个螺栓孔的外边缘,转动法兰使板尺端面与管子端面平行,法兰底面与标记线重合对应上,点焊1点。

(6)用弯尺检测另一个面,合格后点焊1点。

(7)重复步骤(5)的过程,点焊另外两个点。

操作安全提示:

(1)用电设备必须保证接地和绝缘良好。

(2)作业前必须检查设备与环境,确保满足施工需要。

(3) 操作人员必须穿戴劳保防护用品,防飞溅烫伤。

15. 连接法兰的操作

准备工作:

(1) 正确穿戴劳动保护用品。

(2) 设备、工用具、材料准备:手锤1把,活动扳手1把,500mm×250mm钢角尺1把,钢卷尺1把,固定扳手1套,梅花扳手1套,电焊机1台,焊条若干,带台钳工作台1个。

操作步骤:

(1) 铸铁螺纹法兰连接:这种连接方法多用于低压管道,它是用带有内螺纹的法兰与套有同样公称直径螺纹的钢管连接。连接时,在螺纹管端缠上麻丝,涂抹铅油涂料。把两个螺栓穿入法兰的螺孔内,作为拧紧法兰的力点,然后将法兰拧紧在管端上。连接时要注意法兰一定要拧紧,成对法兰的螺栓孔要对应。

(2) 钢法兰平焊连接:平焊钢法兰通常用 Q235、Q275 和 20 号钢加工而成,与管子装配时,可用手工电弧焊进行焊接。焊接时,先将管子垫起来,用水平尺找正,将法兰按规定套在管子上,用角尺或线坠找平,对正后进行点焊。然后检查法兰平面与管子轴线是否垂直,再进行焊接。焊接时,为防止法兰变形,应按对称方向分段焊接。

(3) 翻边松套法兰连接:翻边松套法兰,一般在塑料管、铜管、铅管等连接时常采用。翻边要求平直,不得有裂口或起皱等损伤。

操作安全提示:

(1) 用电设备必须保证接地和绝缘良好。

(2) 操作人员必须穿戴劳保防护用品,防止飞溅烫伤。

（3）拧紧螺栓时用力要适当，不要用力过猛或用套管加长扳手，以免损坏扳手和螺栓，如站立不稳时还会造成坠落事故。

16. 黏结硬聚氯乙烯管

准备工作：

（1）正确穿戴劳动保护用品。

（2）设备、工用具、材料准备：涂敷胶黏剂的漆刷或毛刷2把，表面处理用的砂布适量，钢丝刷要备齐备足，选用上海新光化工厂生产的903号硬聚氯乙烯专用胶黏剂，当间隙较大时，则使用901号。

操作步骤：

（1）硬聚氯乙烯塑料管准备足量，并经外观检查验收合格。

（2）黏结表面处理。

①黏结前，应先去除管子表面的污物，用砂布及钢丝刷将承口内壁及插口外壁磨毛，进行活化处理，同时做好表面清洁工作。

②为保证黏结质量和节省胶黏剂，承口的内径与管子外径之间的间隙不宜过大，一般不要大于0.3mm，打磨预装时一定要注意这一条件。

（3）黏结表面涂胶。

①用洁净的毛刷将搅拌均匀的胶黏剂均匀顺次地涂于打磨好的管子外壁和承口内壁的黏结面上。

②一般只允许涂刷一层胶液，且涂敷层要求薄而均匀。若黏结面间隙较大，则允许在第一层胶层干燥后，再涂刷第二层胶液。

③涂层厚度应均匀且不得有气泡，一般夏天应涂厚一

些,冬天要涂薄一些。

(4) 接头合拢固化。

①黏结采用冷态黏结法,涂胶确认合格,就可以将管端插入承口内合拢,插入后切忌转动。

②然后在室温静止状态下固化。固化时间随使用胶黏剂牌号的不同以及环境温度的变化而不尽相同,一般在24h以后即可达到使用强度。

操作安全提示:

(1) 操作者必须戴好防护手套和口罩,防止中毒。

(2) 施工环境应保持干燥,不宜在雨天或潮湿环境中作业,防止出现事故。

17. 连接单头丝与阀门的操作

准备工作:

(1) 正确穿戴劳动保护用品。

(2) 设备、工用具、材料准备:300mm管钳2把,375mm活动扳手1把,生料带适量,安装有2号管子压力钳的操作平台1座,DN20mm螺纹阀门1只,DN20mm单头管螺纹1根。

操作步骤:

(1) 检查丝头与内螺纹阀门是否匹配,将生料带按旋进的反方向缠在外丝头。

(2) 将丝头与阀门螺纹对正,先用手按顺时针方向拧几扣。

(3) 将管件固定在三脚架后,再用管钳、扳手拧紧。

(4) 管钳的选用应与管件相匹配。

操作安全提示:

(1) 管件夹持要牢固可靠。

（2）用管钳旋紧时，应用力均匀、适度，不要用力过猛。

18. 连接单头丝与活接头的操作

准备工作：

（1）正确穿戴劳动保护用品。

（2）设备、工用具、材料准备：300mm 管钳 2 把，375mm 活动扳手 1 把，生料带适量，安装有 2 号管子压力钳的操作平台 1 座，DN20mm 活接头 1 只，DN20mm 单头管螺纹 2 根。

操作步骤：

（1）拧开活接头的紧固螺母。

（2）将外丝头缠上生料带后，夹持在管子压力钳上分别与活接头两端内丝头连接。

（3）在紧固螺母的凸面上放好密封胶圈。

（4）将活接头两端对正，先用手将紧固螺母拧几扣，再用管钳、扳手拧紧。

（5）管钳的选用应与管件相匹配。

操作安全提示：

（1）管件夹持要牢固可靠。

（2）用管钳旋紧时，应用力均匀、适度，不要用力过猛。

19. 制作夹具（管卡）

准备工作：

（1）正确穿戴劳动保护用品。

（2）设备、工用具、材料准备：手锤 1 把，活动扳手 1 把，钢卷尺 1 把，电焊机 1 台，火焊工具 1 套，焊条若干，厚 10mm 的钢板 1 块，50mm×50mm 的角钢 1 根。

操作步骤：

管道损坏后仅是产生裂缝漏水，可采用管卡修复，此方法在我国北方的寒冷冬季很有应用价值,其优点是节省材料,修复迅速。管卡的制作外形如图9所示,用厚10mm的钢板做两个半圆卡子,每个管卡内圆半径恰好等于需要修复的管外圆半径。用3mm厚的橡胶板做成橡胶环(或用特制橡胶圈),将管裂缝围起来,然后上好管卡,拧紧螺栓即可。

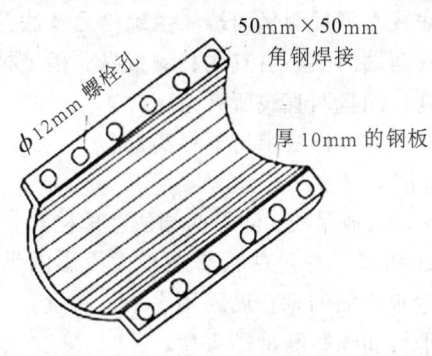

图9 管卡的外形

操作安全提示:

(1)制作管卡时,防止烫伤手脚。

(2)钻孔时,工件要夹紧,操作时用力不要过猛。

(3)焊接时,要按照操作规程安全作业。

(4)安装完毕,要对钢板制管卡进行防腐处理。

20. 测量管件

准备工作:

(1)正确穿戴劳动保护用品。

(2)设备、工用具、材料准备:弯尺、钢板尺、线坠、卷尺、水平仪、粉线、划规。

操作步骤:

(1)测量90°水平带法兰段。

①用水平尺（线坠）测量两法兰螺栓孔放管情况，即检查两法兰轴线是否在一条线上，两弯管是否成90°。

②用水平尺测量两法兰端面是否垂直。

③将两钢板尺放在两法兰端面，用卷尺测量弯管的两端长度。

（2）测量平面任意角度弯管。

①用吊线或水平尺测量两端法兰螺栓孔及法兰口。

②由弯管两端向中心引直线，测量纵、横坐标长度。

③用角度尺测量两直线所夹角度。

④用计算法或放样法求出下料实长。

（3）测量摆头弯管。

①用水平尺（或吊线）测量两端法兰螺栓孔。

②用吊线和弯尺测量两根管在平面投影的纵、横距离，测量两端法兰水平面的垂直度要用水平尺测量。

③用水平尺和线坠测量摆头高。

（4）测量Z形弯管。

①用吊线或水平尺测量两端法兰螺栓孔。

②用两个直角尺测量来回弯管长度 a 和间距 b，并测量两端法兰孔，如图10所示。

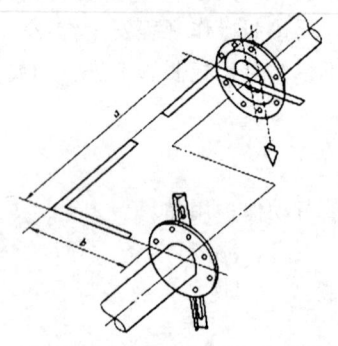

图10　Z形弯管示意图

（5）测量封闭（180°弯管）直线段。

①用吊线或水平尺测量两端法兰螺栓孔。

②用水平尺测量两端法兰上、下方向口，用吊线或直尺测量法兰水平方向口。

③用卷尺测量180°弯管在平面投影的间距和差值。

（6）测量三通管段。

①用吊线或水平尺测量两端法兰螺栓孔。

②用两个直角尺测量两端法兰口（垂直方向也可用水平尺测量）。

③用卷尺测量法兰间短管长度。

④用水平尺测量三通支管法兰口，用直尺或钢板尺测量法兰螺栓孔。

⑤用水平尺测量三通支管长，三通主管的偏心可用吊线测量。

（7）垂直90°弯管测绘，如图11所示。

①用水平尺或吊线测绘水平法兰孔眼。

②用90°角尺沿水平管的方向测绘直管法兰孔眼。

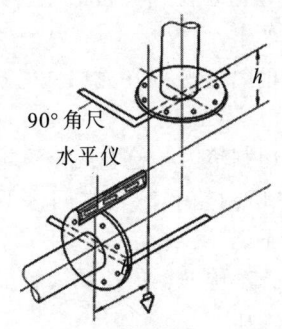

图11 垂直90°弯管示意图

③用水平尺测绘两端法兰端口。

④用吊线测绘出 b 长，b 长加上法兰半径即为弯管水平管长。

⑤用水平尺及吊线测绘出 h 长，h 长加上水平尺厚度和法兰半径即为弯管垂直管长。

21.正确使用、维护管子割刀

准备工作：

（1）正确穿戴劳动保护用品。

（2）设备、工用具、材料准备：管子割刀、龙门式管压钳、钢管、润滑油。

操作步骤：

（1）正确使用管子割刀。

管子割刀又叫割管器，用以切割公称直径100mm以下的各种金属管。常用的是三轮式割管器，割管器有一个切割轮和两个滚轮，切割轮由工具合金钢制成。三轮式割管器有1号、2号、3号和4号四种规格，现场常用2号和3号割管器，适用于套丝和小直径的管子。这种方法比锯割速度快，切断面平直，容易掌握，但切割断面被滚轮挤压而缩小，有时需要处理。使用步骤如下：

①将所要切割的管子紧固在龙门式管压钳上，量出所需长度。

②选择合适的切割滚刀，检查两个滚轮转动是否灵活。

③将管子放在切割轮和滚轮之间，刀刃对准管子切割线，使滚轮夹紧管子。

④握持手把沿管子旋转，徐徐切入管至切断为止。

（2）维护管子割刀。

①管子割刀的滚轮要经常加润滑油，检查转动是否灵活。

②管子割刀的割轮使用前应检查是否锋利,必要时应更换。

③管子割刀用后应放在工具箱指定位置,滚轮等附件应单独放在一个盒内。

操作安全提示:

(1)根据管径选择合适的割刀,龙门式管压钳夹持管子应牢固。

(2)选择的滚刀应锋利,管子切割时应用力均匀,不应左右摇晃。

(3)管子快切断时要缓慢转动割刀,并用手把持管子,以防把脚碰伤。

22. 正确使用、维护千斤顶

准备工作:

(1)正确穿戴劳动保护用品。

(2)设备、工用具、材料准备:千斤顶、钢板或垫木。

操作步骤:

(1)正确使用千斤顶。

①根据需要顶升的重量,选择合适的千斤顶。

②当垂直顶升时,在千斤顶的底部、顶部安放;当倾斜或水平顶升时,千斤顶顶部、底部的钢板、垫木与需要顶升的物件应连接牢固。

③拨动开启/关闭按钮,用摇杆均匀地摆动,对物件进行顶升。

④当千斤顶行程不能满足顶升要求时,一次顶升后在物件下放置垫木,拨动开启/按钮使千斤顶螺杆降到最低点,重新顶升,直至达到要求高度。

⑤进行必要的加固,然后进行各种所需的操作。

⑥拨动开启／关闭按钮，卸下千斤顶。

（2）维护千斤顶。

①千斤顶用后应及时把螺杆降到最低点。

②千斤顶用后应及时入库，不要与大锤等工具混放在工具箱内，尤其是液压千斤顶不可倒放或倾斜。

③螺旋式千斤顶底部摇柄齿轮及螺杆应经常加油。

④螺旋式千斤顶应经常检查各部位螺钉是否松动；液压千斤顶应经常检查各密封面是否有渗漏现象。

23. 平台法调直管子的操作

准备工作：

（1）正确穿戴劳动保护用品。

（2）设备、工用具、材料准备：木锤2把，预制平台1块，长2m、DN25mm以下、弯曲程度不大的管子1根。

操作步骤：

（1）确定管子的弯曲部位。

（2）将管子置于平的工作台上，用木锤锤击弯处，不能用手锤，以防锤击处变形，如图12所示。

（3）边转动，边敲击，边目测，在另一人指点下进行敲击，直至矫正为止。

操作安全提示：

（1）平台固定牢固。

（2）打锤时不要戴手套，着力点要准确。

（3）挥锤时，锤头不能朝向配合人员。

（4）要协调一致，以防碰伤。

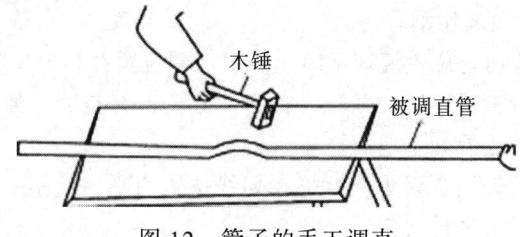

图12 管子的手工调直

24. 管子的切断

准备工作：

（1）正确穿戴劳动保护用品。

（2）设备、工用具、材料准备：不锈钢管、砂轮机、石笔、卷尺、圈带、工作平台以及相应设备等。

操作步骤：

（1）砂轮切割机切割。

①确定切割位置，并划线。

②将管子固定在砂轮切割机上。

③启动砂轮切割机进行切割。

④等管子冷却后，取下管道，消除毛刺。检验加工结果。

⑤质量标准切割面与管道轴线垂直，无毛刺。

（2）手工钢锯切割。

①确定切割位置，并划线。

②将管道固定在台虎钳上（注意在夹口上垫上软木夹持管道）。

③用钢锯在划线位置切割，同时不断在锯条上添加冷却液。

④切割结束后，取下管道，等管子冷却后，检验加工结果。

⑤质量标准切割面与管道轴线垂直，无毛刺。

(3) 火焰切割。

①将切割位置清理干净,确定切割位置并划出切割线。

②将管子垫平、放稳;管子下方要留有空间,便于铁渣吹出和防止混凝土地面损坏。

③把火焰调整为中性焰在划线位置切割,切割一段弧后转动管子再进行切割。

④切割结束后,取下管道,等管子冷却后,检验加工结果。

⑤质量标准切割面与管道轴线垂直,无毛刺和氧化铁。

(4) 刀割切割。

①确定切割位置,并划线。

②将管道固定在台虎钳上。

③将割刀的滚刀对准切割线,拧动手把,使滚轮夹紧管子,然后转动螺杆,滚刀即沿管壁切入。

④沿管子四周边转动割管器,边紧螺杆,滚刀不断地切入管壁,直至割断为止。

⑤刀割后,须用铰刀插入管口,刮去其缩小部分。

⑥质量标准切割面与管道轴线垂直,无毛刺。

操作安全提示:

(1) 使用电动工具前要检查电源及设备,使之处于良好的工作状态。

(2) 在切削时,不可用力过猛,防止将砂轮片折断而飞出伤及人体,更不可用飞转的砂轮片磨削钻头、刀片、钢筋头等,快要切断时要缓慢用力直至切断。

(3) 操作工人应戴好防护眼镜,以免铁屑飞溅伤及眼睛。

(4) 气焊切割时要防止烧伤。

25. 切割管材的操作

准备工作:

(1) 正确穿戴劳动保护用品。

(2) 设备、工用具、材料准备:石笔适量、型钢切割机1台、$\phi 60mm \times 3.5mm$ 钢管管段1根。

操作步骤:

(1) 切割前检查。检查型钢切割机(图13)外观部件连接有无松动、转动部位是否灵活、电源线有无破损现象,有隐患部位应及时维修,确保使用安全。

(2) 检查电源开关是否完好无损,应能保证使用安全。

(3) 通电试转电动机,应无异常现象。

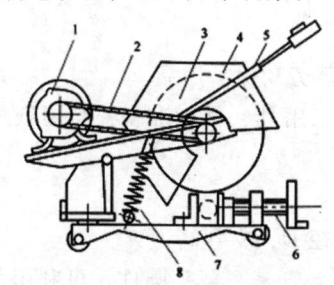

图 13 型钢切割机

1—电动机;2—传动带;3—砂轮片;4—护罩;
5—带开关的操纵杆;6—夹钳;7—底座;8—弹簧

(4) 将划好切割线的管子放到夹钳内,垫平管子,使管子处于水平状态。

(5) 调整管段,使切割线正对着锯片中心位置,紧固夹钳。

(6) 右手握住操作杆,左手启动电源开关。

(7) 右手向下用力压,使切片缓慢接触管子表面。

（8）随着切割深度的增加，逐渐用力下压操作杆，直到管子切断为止。

（9）管子切断后，抬起操作杆，左手关闭电源。

（10）松开夹钳，取下管段。

操作安全提示：

（1）切割之前要进行设备的性能检查，应确保使用安全。

（2）注意用力均匀，不可用力过猛，以防碎片伤人。

（3）不可用飞转的砂轮片磨削石笔和管端毛刺。

（4）操作时要侧身站立，带好护目镜。

（5）管段要固定牢固。

26. 等径正三通展开下料的方法

准备工作：

（1）正确穿戴劳动保护用品。

（2）设备、工用具、材料准备：绘图纸若干、绘图工具1套。

操作步骤：

已知管子外径 D，支管高为 A。

等径三通的支管是一截头圆柱，可利用截头圆柱的简化展开法画展开图，如图14所示。其支管展开做法如下：

（1）作出支管的展开图，即为一长 πD、宽 h 的长方形；

（2）把长方形长边12等分，等分点为4、3、2、1、2、3、4、3、2、1、2、3、4，过各等分点作垂线；

（3）以长方形一个顶点为圆心，以管子半径（即辅助圆半径）作辅助1/4圆周，并三等分，等分点为1'、2'、3'、4'；

（4）过1/4圆周上各等分点作水平线，与各垂线相交，光滑连接各交点，即为支管展开图。

主管展开法如下：

（1）作出主管展开图，即为一长 πD、宽 $2a$（主管长）的长方形；

（2）四等分 CC'，并由等分点做 CC' 的垂线。六等分 4—4，由等分点作 4—4 的垂线；

（3）以 4 为圆心，$R=D/2$ 为半径画 1/4 圆周，三等分 1/4 圆周，等分点为 1、2、3、4，由等分点向左引出水平线，与 4—4 的垂线相交，圆滑连接各交点，成为切孔（开孔）的一半展开图，在 4—4 下面画对称曲线，即得切孔实形。

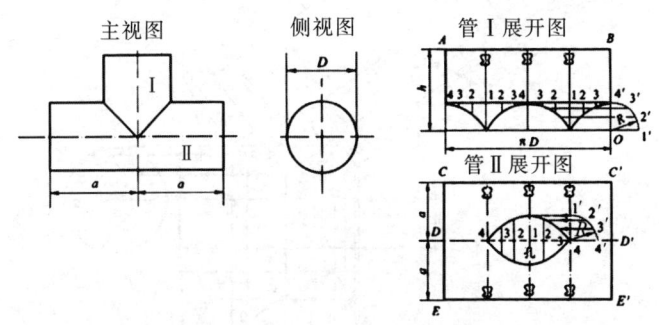

图 14　等径正交三通展开图

27. 等径斜交三通展开下料的方法

准备工作：

（1）正确穿戴劳动保护用品。

（2）设备、工用具、材料准备：绘图纸若干、绘图工具 1 套。

操作步骤：

已知管子外径为 D，相交角为 α，按图 15 的方法展开，其做法如下：

（1）根据管外径 D 和相交角 α 画出斜三通主视图；

（2）在支管顶端画半圆，并将半圆六等分，由各等分点作支管中心线的平行线，分别与支管顶端交于1、2、3、4、5、6、7，与主管上相贯线相交于1'、2'、3'、4'、5'、6'、7'；

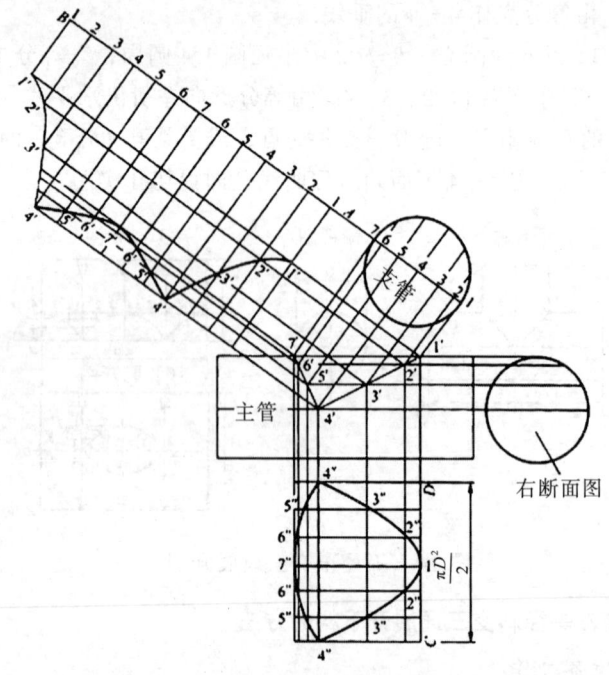

图15　等径斜交三通展开图

（3）将支管顶端1~7连线延长，截取线段$AB=\pi D$并12等分，等分点为1、2、3、4、5、6、7、6、5、4、3、2、1，并过各等分点作AB的垂线；

（4）过相贯线上1'、2'、3'、4'、5'、6'、7'作AB的平行线与AB上各垂线相交，光滑连接各交点，所得曲线即为所求支管的展开图；

(5) 过相贯线上 1'、2'、3'、4'、5'、6'、7' 向下引出垂线，在垂线上截取 $CD = \dfrac{\pi D}{2}$ 并六等分；

(6) 过 CD 上各等分点作 CD 的垂线，与由点 1'～7' 引出的下垂线相交于 1"、2"、3"、4"、5"、6"、7"，光滑连接各交点，即为所求开孔的展开图。

28. 异径正交三通展开下料的方法

准备工作：

(1) 正确穿戴劳动保护用品。

(2) 设备、工用具、材料准备：绘图纸若干、绘图工具 1 套。

操作步骤：

已知异径正交三通支管外径为 d，主管外径 D。

可用如图 16 所示的方法展开，其步骤为：

(1) 根据 D 和 d 作出异径正三通的侧面图；

(2) 在支管顶端画半圆，并将半圆 6 等分，等分点依次为 4、3、2、1、2、3、4，然后从各等分点向下引垂线，与主管圆弧交于 4'、3'、2'、1'、2'、3'、4'；

(3) 从支管圆直径 4—4 向右引水平线，在水平线上截取 $AB = \pi d$，把 AB 12 等分，等分点为 1、2、3、4、3、2、1、2、3、4、3、2、1；

(4) 过 AB 上各等分点向下作 AB 的垂线，与主管圆弧上的交点向右引出的水平线相交，将各交点光滑连接，即得支管展开图；

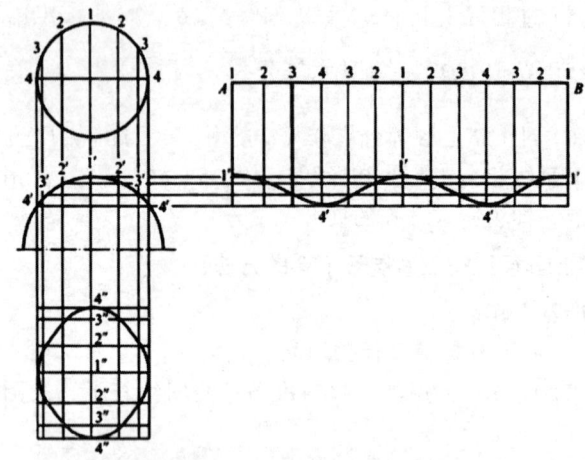

图 16 异径正交三通展开图

（5）延长支管中心线 11′，在此直线上任取一点 1″，以 1″ 为中心，上下对称截取 1″2″=$\widehat{1'2'}$、2″3″=$\widehat{2'3'}$、3″4″=$\widehat{3'4'}$ 的交点 4″、3″、2″、1″、2″、3″、4″；

（6）过 4″、3″、2″、1″、2″、3″、4″ 作 11′ 的垂线，并与过 4—4 各点向下的垂线相交，光滑连接各交点，即得开孔的展开图。

29. 异径斜交三通展开下料的方法

准备工作：

（1）正确穿戴劳动保护用品。

（2）设备、工用具、材料准备：绘图纸若干、绘图工具 1 套。

操作步骤：

已知主管外径 D，支管外径 d，相交角 $α$。

异径斜三通的展开方法和步骤大致上与同径斜三通相同，但要用作图法求出相贯线。因此，画异径斜三通展开图的关键是求出相贯线。如图17所示，其步骤为：

（1）作出异径斜三通的立面图和侧面图（部分）；在两图的支管顶端以支管外径为直径分别画半圆，并6等分半圆周，等分点为1、2、3、4、3、2、1；

（2）在立面图上通过各等分点向下作支管中心线的平行线，同时在侧面图上通过各等分点向下作垂线，与主管圆弧相交的交点为1'、2'、3'、4'、3'、2'、1'；

（3）通过侧面图各点向左引出水平线，使之与立面图斜支管相应的斜线相交，得交点1″、2″、3″、4″、3″、2″、1″，将这些点用光滑曲线连接起来，即为异径斜三通的相贯线。

求得异径斜三通的相贯线后，就能得到完整的异径斜三通的主视图，再按照等径斜三通和异径正三通的展开方法求得支管和主管上开孔的展开图。

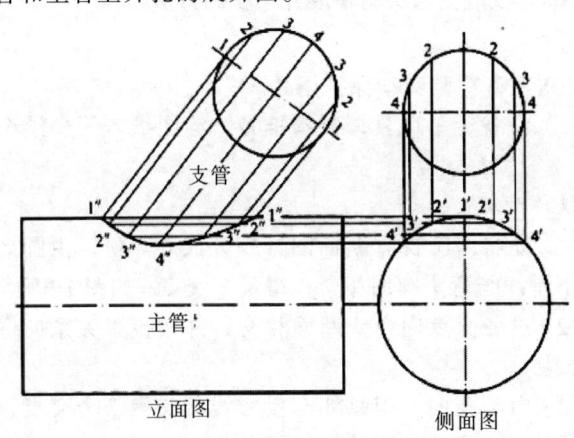

图17　异径斜三通相贯线的求法

可用如图18所示的简化画法来求展开图，其步骤如下：

（1）以O为圆心，以$D/2$和$d/2$为半径画1/4圆周，三等分1/4小圆周，等分点为1、2、3、4，过各点向上作垂线，与大圆周交于1'、2'、3'、4'；

（2）在1—O延长线上取B点，过B点作与O—1成α角的直线，在直线上取BA等于图样中所求尺寸，过A点作垂直于AB的直线；

（3）在1—A—1线上，取1/4圆周上点1、2、3与O—4的垂直距离引出与AB对称的平行线，和由1'、2'、3'、4'向左的引出水平线相交，得交点1、2、3、4、5、6、7，圆滑连接各交点，即为相贯线；

（4）在1—A—1的延长线上取线段长为πd，并12等分，过各等分点作其垂线，与过相贯线上各点的1—A—1的平行线相交，圆滑连接各交点，即为支管上切孔部分的展开线；

（5）主管上开孔做法同图18所示。

30. 异径直交弯头马鞍展开下料的方法

准备工作：

（1）正确穿戴劳动保护用品。

（2）设备、工用具、材料准备：绘图纸若干、绘图工具1套。

操作步骤：

（1）先将两个支管断面图分别分成6等份，由圆周等分点引下垂线与弯头圆周相交，得各个交点（如图19所示）。

（2）过各交点向弯头断面相交，并按投影关系向弯头截交处投影。

（3）由圆孔向下引垂线与投影线相交得7个交点，用光滑曲线连接，即为接合线。

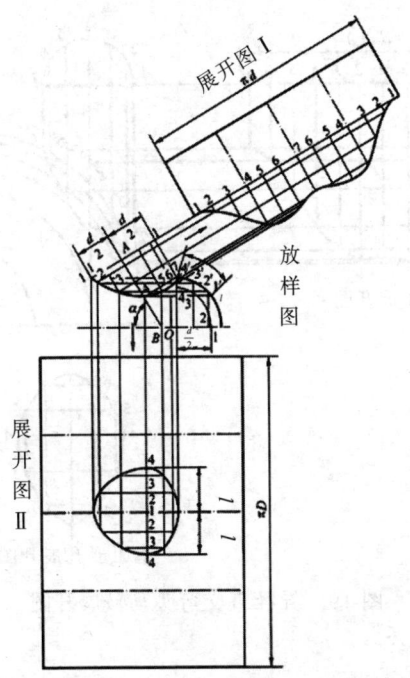

图18 异径斜三通简化展开图

(4) 量取接管端面至接合线距离,并一一在圆管展开平面对应的直线上截得各点。

(5) 用光滑曲线连接各点,制成展开样板。

(6) 将样板包在圆管外壁上,划出切割线。

31. 天圆地方展开下料的方法

准备工作:

(1) 正确穿戴劳动保护用品。

(2) 设备、工用具、材料准备:绘图纸若干、绘图工具1套。

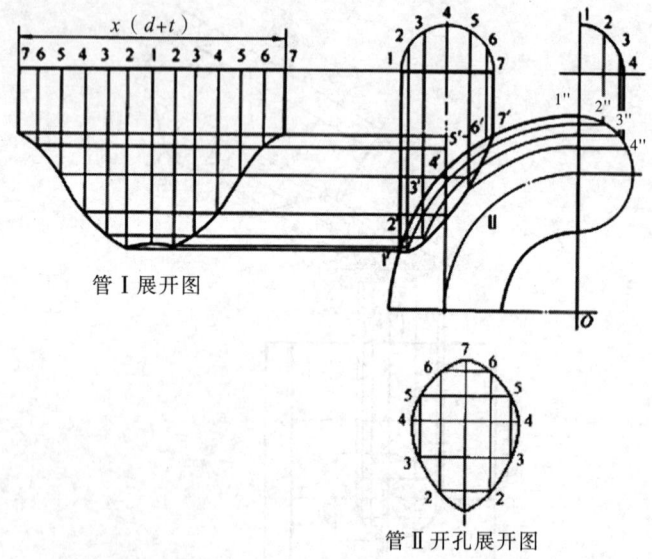

图 19 异径直交弯头马鞍展开图

操作步骤:

天圆地方是管道中用来连接方形管和圆形管的一种变形接头,也是由圆到方的过渡接头。天圆地方有正口天圆地方和偏口天圆地方,管道中常用的是正口天圆地方,如图 20（a）所示。

正口天圆地方上底为圆,下底为正方形,上下底同心,侧面由四个三角形平面和四个椭圆锥面组成。求展开图的关键是求出椭圆锥面上各实长。其展开方法如下:

（1）画出立面图和平面图,将平面图中上口圆 12 等分。即 1/4 锥底 3 等分,将各等分点与下口各顶点相连为 3 个三角形。三角形一边为曲线,等分越多,曲线部分就可近似为直线。

(2) 利用直角三角形法试求 AI、AII、$AIII$、AIV 实长，用天圆地方高度和水平投影为直角两边，则斜边 $AI(=AIV)$，$AII(=AIII)$ 即为实长。如图 20（b）所示。

(3) 取一线段为 AI 实长，以 A 为圆心，AII 实长为半径画弧，以 I 为圆心，$\widehat{12}$ 为半径画弧，两弧交于 II 点，连接 A、I、II 三点，则 △ $IAII$ 为实形，同法求出 △ $IIAIII$、△ $IIIAIV$ 的实形，得出 IA 圆锥面展开图，依次求出各三角形实形，最后得出天圆地方的展开图。如图 20（c）所示。

为便于对接，使焊缝接头处于平面位置，一般把焊缝留在三角形平面的中心线上，如图 20 所示。

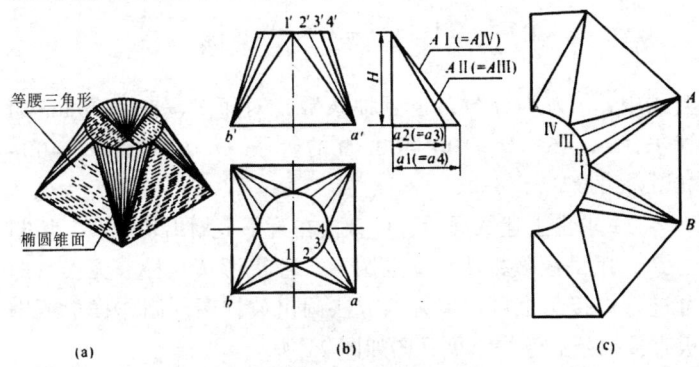

图 20　天圆地方的展开图

32. 同心异径管简易下料方法

准备工作：

(1) 正确穿戴劳动保护用品。

(2) 设备、工用具、材料准备：绘图纸若干、绘图工具 1 套。

操作步骤：

异径管按制造方法有冲压成型的（即无缝）、抽条法焊制

（用板或管）和用管捶制三种，这里介绍现场常用的抽条法焊制大小头，其方法步骤如下：

（1）计算 l_1、A、B、B_1。

$$l_1 = \sqrt{\left(\frac{D-d}{2}\right)^2 + l^2}$$

式中 l_1——抽条长度，mm；

D——大头外径，mm；

d——小头外径，mm；

l——大小头的结构长度，一般为 $(2\sim3)(D-d)$，mm。

$$A = \frac{\pi D}{n}; \quad B = \frac{\pi d}{n}; \quad B_1 = A - B$$

上式中，n 为等分数，也是抽条数，对于 $D_N=50\sim100$mm 的管子，$n=4\sim6$；$D_N=100\sim400$mm 的管子，$n=6\sim12$；$D_N=400\sim600$mm 的管子，$n=12\sim18$。

（2）求出上述数据后，可直接在管子上划出切割线，切割去 B_1，用手锤敲打使小端成圆形，直径为 d_w，检查无误后即可进行焊接。也可用展开的方法画出放样图，制作样板或钢板直接抽条后卷焊。展开图如图21所示。

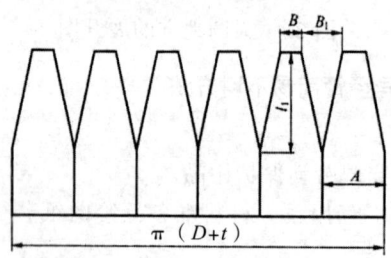

图21 钢管焊制大小头展开图

33. 两节直角弯头的壁厚处理

准备工作：

（1）正确穿戴劳动保护用品。

（2）设备、工用具、材料准备：绘图纸若干、绘图工具1套。

操作步骤：

两节直角弯头的壁厚处理情况有三种，即不开坡口（壁厚小于3.5mm）、开V形坡口和开X形坡口（壁厚大于或等于3.5mm）。

（1）两节直角弯头不开坡口的壁厚处理如图22所示，A-O接缝为外皮接触，B-O接缝为内皮接触。放样展开时A-O间素线取外皮素线实长，断面圆上的等分点1、2、3、11、12画在外皮上；B-O为里皮接触，取里皮素线实长，等分点5、6、7、8、9画在里皮上，而O点附近可看作中径接触，故对应的4、10两点画在中径上，然后按平行线法作出其展开图。

（2）管节开V形坡口，则接点A、B都为里皮接触，应按里皮（内径）作展开图，主视图只用内径画出即可。

（3）若开X形坡口，则接点A、B处是中心层接触，展开图的高度应按壁厚中心层处理。主视图只用中径画出即可。

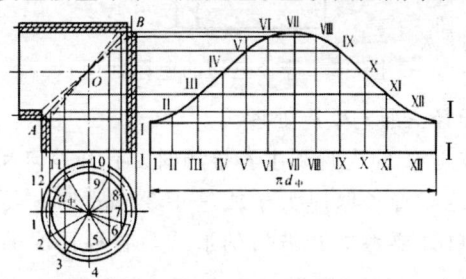

图22 不开坡口的直角弯头壁厚处理

34. 三通的壁厚处理

准备工作：

(1) 正确穿戴劳动保护用品。

(2) 设备、工用具、材料准备：绘图纸若干、绘图工具1套。

操作步骤：

(1) 等径三通管的壁厚处理。

等径三通管无论是正交还是斜交，相贯线的投影都是直线，都按外皮放样展开，对内径没有影响，展开时主视图和侧面图只需画出外径即可，如图23所示。

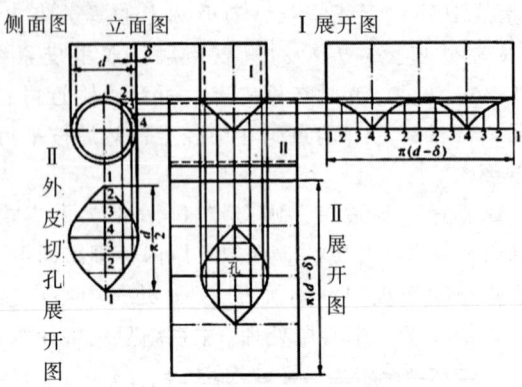

图23 等径三通的壁厚处理

(2) 异径三通的壁厚处理。

异径三通管的支管和主管接触时，有开坡口和不开坡口两种情况，当管子壁厚大于或等于3.5mm时，要考虑开坡口，开坡口又要考虑开坡口的形式。各种情况的壁厚处理如下：

① 不开坡口。

(a)支管坐落在主管上(骑座式)时,支管的里皮与主管的外皮接触,支管展开图中各素线高度应按里皮量取。主视图中支管只画出内径即可,然后按平行线法作出支管和切孔的展开图(切孔的展开长度按外径确定)。如图24所示。

(b)当支管直插进主管里皮时(直插式),支管的外皮和主管切孔相交,因此展开图中各素线的高度按外皮量取,即主视图中支管只画外径,然后按平行线法作出展开图(切孔的展开长度按外径确定)。具体做法参考图24。

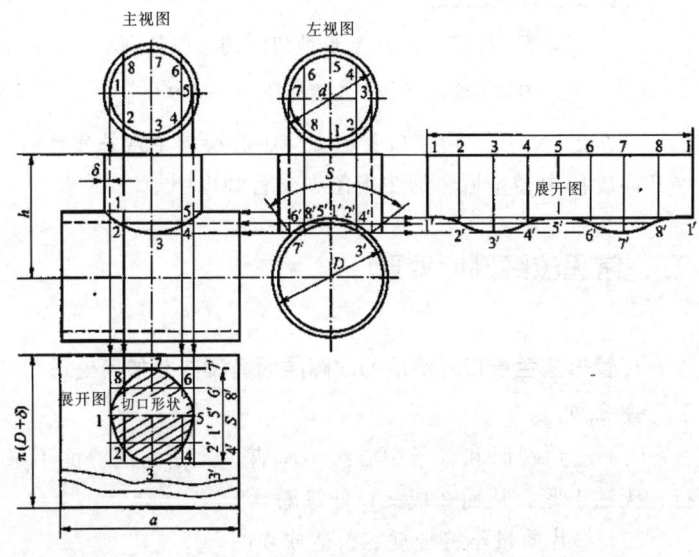

图24 异径三通的壁厚处理

②开坡口。

(a)支管外部开出V形坡口时,支管里皮与主管外皮接触,主视图中支管用内径画出,主管用外径画出。主管上开孔用外径量取。两管壁厚处理及展开图作法如图25所示。

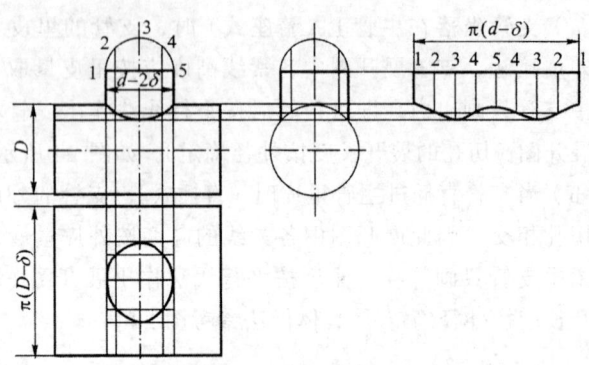

图 25 异径三通开 V 形坡口时的壁厚处理

D—主管外径;d—支管外径;δ—壁厚

(b)支管开出 X 形坡口时,支管中心层与主管外皮接触,展开高度按中径量取,即主视图中支管画出中径。

二、常见故障判断处理

1. 管道法兰接口处渗漏的故障原因有哪些?如何处理?

故障原因:

(1)法兰端面和管子中心线不垂直,致使两法兰面不平行,无法上紧,从而造成接口处渗漏。

(2)垫片质量不符合规定,造成渗漏。

(3)垫片在法兰面间垫放的厚度不均匀,造成渗漏。

(4)法兰螺栓安装不合理或紧固不严密,造成渗漏。

(5)法兰与管端焊接质量不好,造成焊口渗漏。

处理方法:

(1)在安装法兰时,安装在水平管道上的最上面的两个眼必须呈水平状，垂直管道上靠近墙的两个眼连线必须与墙平行。两片法兰的对接面要互相平行，且法兰孔眼要对正。

（2）法兰垫片材质和厚度应符合设计和规范要求。

（3）石棉橡胶垫在使用前放到机油中浸泡，并涂以铅油或铅粉。安装时垫片不准加两层，位置不得倾斜。垫片表面不得有沟纹、断裂等缺陷。法兰密封面要干净，不能有任何杂物。

（4）拧紧法兰螺栓时要对称进行。每个螺母要分2~3次拧紧。用于高温管道时，螺栓要涂上铅粉。

2.管道承插接口处渗漏的故障原因有哪些？如何处理？

故障原因：

（1）管道承插口处有裂纹，造成渗漏。

（2）操作时接口清理不干净，填料与管壁间连接不紧密，造成渗漏。

（3）对口不符合规定，致使连接不牢，造成渗漏。

（4）填料不合格或配比不准，造成接口渗漏。

（5）接口操作不当，造成接口不密实而渗漏。

（6）接口连接后养护不认真或冬季施工保温不好，接口受冻，造成渗漏。

（7）地下管支墩位置不合适或回填土夯实方法不当，造成管道受力不均而损伤管道或零件，造成渗漏。

（8）未认真进行水压（或充水）试验，零件或管道有砂眼、裂纹等缺陷，接口不严，从而造成使用时渗漏。

处理方法：

（1）管道在安装对口前，每根管子都应认真仔细检查，是否有裂纹，特别是承插接头部分。如有裂纹应更换或截去裂纹部分。

（2）对口前应认真清理管口，若管壁有沥青涂层，应将沥青除净，同时清除接口处及管内杂物。保证管内清洁及接口处填料的黏着力。

（3）在对口时，应将管子的插口顺着介质流动方向，承口逆向水流方向。插口插入承口后，四周间隙应均匀一致。

（4）接口材料应按设计要求配制，规范打口操作。首先将油麻拧成麻股均匀打入承口内，打实的油麻深度以不超过承口深度的1/3为宜。随后，将制备好的水泥或石棉水泥填料，分层填打结实。平口后表面应平整，且能发出暗色亮光。接口按要求进行养护。

（5）管道支墩要牢靠，位置要合适。回填土分层夯实，并防止直接撞压管道。

（6）严格按施工验收规范要求进行闭水试验。

3. 碳素钢管的焊口处渗漏的故障原因有哪些？如何处理？

故障原因：

焊接规范选择不合理或焊接操作不当，形成焊缝咬肉、烧穿、凸瘤、未焊透、气孔、裂纹、夹渣等缺陷，造成焊口渗漏。

处理方法：

（1）选择正确的焊接规范，规范焊接操作。

（2）预防咬肉缺陷：根据管壁厚度，正确选择焊接电流和焊条，操作时焊条角度正确，并沿焊缝中心线对称、均匀地摆动。

（3）预防烧穿、焊瘤。焊接薄壁管时要选择较小的中性火焰或较小电流，对口时要符合规范要求。

（4）预防未焊透。正确坡口和对口；清理坡口及焊层污物；注意调整焊条角度，使熔融金属与基体金属之间充分熔合；导热性高、散热大的焊件提前预热或在焊接过程中加热；正确选择焊接电流。

（5）预防气孔。选择适宜的电流值；运条速度适宜；当环境温度在0℃以下时，应进行焊口预热；焊条在使用前应进行干燥；操作前清除焊口表面的污垢。

（6）预防焊口裂纹。含碳量高的碳钢焊前预热，焊后进行退火；焊点应具有一定尺寸和强度，无裂纹；填满熔池，再熄弧。

（7）预防夹渣。清理坡口及焊层，将凹凸不平处铲平，然后施焊，操作时正确运条，弧长适当，使熔渣能上浮到铁水表面，防止溶渣超前于铁水而引起夹渣；选择适当电流，避免焊缝金属冷却过速。

4. 碳素钢管安装后堵塞的故障原因有哪些？如何处理？

故障原因：

（1）管道焊接时，对口缝隙过大，焊渣流到管内；管子安装前未进行清理，有锈蚀、杂物；施工过程中不慎流入泥土或其他异物；管道投入运行前吹扫又不彻底。因而当有介质流动时，在转弯、变径、阀件等断面变化的部位汇集，从而发生堵塞。

（2）阀件的阀芯脱落，尽管阀杆旋起，而阀芯仍未开启，故而将管道堵塞。

（3）管道采用螺纹连接时，将填料旋入。

（4）热弯管时清砂不净。

处理方法：

（1）管道对口焊接时，间隙值不要超过规范规定，防止焊渣流入。对管道内清洁程度要求较高且焊接后不易清理的管道，其焊缝底层宜采用氩弧施焊。

（2）管道在安装前，应仔细清理管子内部杂质；郊外施工地下管道时，要特别防止地下水或地面水带泥土流入管内；在施工过程中，每次下班后要将管口封好，以防异物进入；室内管道安装，特别是立管安装，必须随时用木塞封死管口，以防杂物进入；凡是进行热弯的弯管，使用前应仔细检查并轻轻敲打管子，砂子必须清理干净才能安装；在管道安装完毕，未投入使用前，应彻底清洗和吹扫管道。

（3）当管路中设有关闭的阀门时，当开启后要检查是否全部开启，是否阀芯已旋起，防止由于阀芯松动脱落堵塞管道。

（4）管道采用螺纹连接时，所用密封材料要适量，特别是小管道上用的线麻，更要防止其旋入管道。

5. 铸铁管安装后堵塞的故障原因有哪些？如何处理？

故障原因：

（1）采用砂型制造的管道或管件，内部清理不净，通水后，砂集中在一起堵塞管道。

（2）安装过程中捻口用料进入管内。

（3）施工时，地面一些废水、杂质流入下水道，沉淀后造成管道堵塞。

处理方法：

（1）在安装前要仔细清理铸铁管内杂物。

（2）在管道施工捻口时，要小心操作，防止填充材料落入管内。

（3）与土建交叉施工时，一定要将管口堵好，施工完毕要用麻刀白灰抹死，待交工使用时再打开，以防土建施工时，废水汇同杂质流入。

6. 管道运行发生变形或损坏的故障原因有哪些？如何处理？

故障原因：

(1) 管道支架选用不当。

(2) 支架安装间距过大、标高不准，从而造成管道投入使用后，管子局部塌腰下沉。

(3) 支架固定不牢，或固定方法不对，投入使用后，支架变形、损坏，导致管道变形、损坏。

处理方法：

(1) 正确选择支架形式。如果施工图中没有设计管道支架形式，而需要施工现场决定支架形式时，可按下列原则选取：

①管道不允许有任何位移的部位，应设置固定支架，固定支架要牢固地固定在可靠的结构上。

②在管道无垂直位移或垂直位移很小的地方，可装设活动支架。活动支架的形式，应根据对管道摩擦的不同程度来选择，对摩擦产生的作用力无严格限制时，可采用滑动支架；当要求减少管道轴向摩擦作用力时应用滚动支架。

③在水平管道上，只允许在管道单向水平位移的部位，或在铸铁阀件两侧、Π形补偿器两侧适当距离的部位，装设导向支架。

④在管道具有垂直位移的部位，应装设弹簧吊架。

(2) 当设计无规定时，严格按规范的有关规定，确定管道支架距离。

(3) 管道支架安装前，应根据管道图样中的标高与土建施工的标高核对，用水平仪抄到墙壁或柱上，然后根据管道走向和坡度计算出每个支架的标高和位置，弹好线后，再进行安装。

（4）支架安装要防止支架扭斜翘曲现象，应保证平直牢固。

（5）支架横梁应牢固地固定在墙、柱子或其他结构物上，横梁长度方向应水平，顶面应与管子中心线平行，不允许上翘下垂或扭斜。

（6）无热位移的管道吊架的吊杆应垂直于管子，吊杆的长度要能调节。有热位移的管道，吊杆应在位移相反方向，按位移值的1/2倾斜安装。

（7）固定支架应使管子平稳地放在支架上，不能有悬空现象。管卡应紧卡在管道上。

（8）活动支架不应妨碍管道由于热膨胀所引起的移动，其安装位置应从支撑面中心向位移的反向偏移，偏移值应为位移值之半，同时管道的保温层不得妨碍热位移。

（9）不同的支架应选择不同的安装方法：

①墙上有预留孔洞的，可将支架横梁埋入墙内，埋设前，应清除孔内的碎砖及杂物，并用水将孔洞内浇湿。埋入深度应符合设计要求，并使用1:3水泥砂浆填塞密实饱满。

②在钢筋混凝土构件上安装支架时，应在浇筑混凝土时预埋钢板，然后将支架横梁焊在预埋钢板上。

③在没有预留孔洞和预埋钢板的砖或混凝土构件上，可以用射钉或膨胀螺栓固定支架。

④柱子抱箍式支架安装前，应清除柱子表面的粉刷层。测定支架标高后，在柱子上弹出水平线，支架即可按线安装。固定用的螺栓一定要拧紧，保证支架受力后不活动。

⑤在木梁上安装吊卡时，不准在木梁上打洞或钻孔，应用扁钢箍住木梁，在扁钢端部借助穿孔螺栓悬挂吊卡。

7. 安全阀超过工作压力不开启，开启后不能自动关闭，不到工作压力就开启的故障原因有哪些？如何处理？

故障原因：

（1）安全阀超过工作压力不开启的原因：杠杆被卡住或销子生锈，杠杆式安全阀的重锤被移动，弹簧式安全阀的弹簧受热变形或失效，阀芯和阀座被粘住。

（2）安全阀不到工作压力就开启的原因：杠杆式安全阀的重锤向杆内移动，弹簧式安全阀的弹簧弹力不够。

（3）开启后阀芯不能自动关闭的原因：杠杆式安全阀的杠杆偏斜或卡住，弹簧式安全阀的弹簧弯曲，阀芯或阀杆不正。

处理方法：

（1）检查杠杆或销子，调整重锤位置，更换弹簧，检查合格后并擦拭干净。

（2）属于不到工作压力就开启的，应检查、调整重锤的位置，拧紧或更换弹簧。

（3）属于不能自动关闭时，要检修杠杆，调整弹簧、阀芯或阀杆。

8. 疏水阀安装投入使用后，工作不正常，有时排水不畅反而漏气过多的故障原因有哪些？如何处理？

故障原因：

（1）安装方法不当或管路杂质过多，从而使疏水器堵塞，致使疏水器不起作用。

（2）不排水的原因：系统蒸汽压力太低，蒸汽和冷凝水未进入疏水器；浮桶式疏水器浮桶太轻或阀杆与套管卡住；阀孔或通道堵塞；恒温式的阀芯断裂堵住阀孔。

（3）漏气过多，阀芯和阀座磨损；排水孔不能自行关闭；

浮桶式浮桶体积小,不能浮起等。

处理方法:

(1)疏水器安装前须仔细检查,然后进行组装。疏水器应直立安装在低于管线的部位,阀盖处于垂直位置,进出口应处于同一水平,不可倾斜,以便于阻气排水动作。安装时,应注意介质的流动方向与阀体一致。

(2)疏水器不排水:调整系统蒸汽压力,检查蒸汽管道阀门是否关闭或堵塞,适当加重或更换浮桶,如果是阀杆与套管卡住,要进行检修或更换,清除堵塞杂物,并在阀前装置过滤器,更换阀芯。

(3)疏水器漏气太多:阀芯和阀座磨损漏气,要研磨阀芯与阀座,使密封面达到密封;排水孔不能自行关闭,可检查是否有污物堵塞;如果属于浮桶体积过小不能浮起,可适当加大浮桶体积。

9. 减压阀不通畅和不起减压作用的故障原因有哪些?如何处理?

故障原因:

(1)减压阀不通:通道被杂物堵塞;活塞生锈被卡住,处在最高位置不能下移。

(2)减压阀不减压:活塞卡在某一位置;主阀阀瓣下面弹簧断裂不起作用;脉冲式减压阀阀柄在密合位置处被卡住;阀座密封面有污物或严重磨损;薄膜式减压阀阀片失效等。

处理方法:

(1)在减压阀安装前要仔细检查,特别是存放时间较长的,安装前应拆卸清洗。安装时要注意箭头所指的方向是介质流动方向,切勿装反。减压阀应直立安装在水平管路中,两侧装有控制阀门。

（2）清除杂物，拆下阀盖检修活塞，使能灵活移动。必要时，在阀前可装置过滤器。

（3）上述缺陷通过检查后，应进行修理或更换部分失效零件。

10. ∏形补偿器投入运行时，出现管道变形、支座偏斜，严重者接口开裂的故障原因有哪些？如何处理？

故障原因：

（1）补偿器安装位置不当。

（2）未按要求做预拉伸。

（3）制作不符合要求。

处理方法：

（1）补偿器安装的位置要符合设计规定，并处在两个固定支架之间。

（2）安装时，在冷状态下按规定的补偿量进行预拉伸。拉伸前应将两端固定支架焊好，补偿器两端直管与连接末端之间应预留一定的间隙，其间隙值应等于设计补偿量的1/4，然后用拉管器进行拉伸，再进行焊接。

（3）在预制∏形补偿器时，几何尺寸要符合设计要求，补偿器要用一根管子煨成，不准有接口；四角管弯在组对时要在同一个平面上，防止投入运行后产生横向位移，从而使支架偏心受力。

11. 波形补偿器不能保证管道在运行中的正常伸缩的故障原因有哪些？如何处理？

故障原因：

（1）未在常温下进行预拉或预压。

（2）安装方向不对。

(3)预拉或预压方法不当,致使各节受力不均。

处理方法:

(1)波形补偿器安装时,应根据补偿零点温度定位,补偿零点温度就是管道设计达到最高温度和最低温度的中点。在环境温度等于补偿零点温度时,可不进行预拉和预压。环境温度高于补偿零点温度则应进行预压缩。环境温度低于补偿零点温度则应进行预拉伸。预拉伸量或压缩量应按设计规定。

(2)波形补偿器内套有焊缝的一端,水平管道应迎向介质流动方向,垂直管道应置于上部。

(3)波形补偿器进行预拉或预压时,施加作用力应分2~3次进行,作用力应逐渐增加,尽量保证各节的圆周面受力均匀。

12. 填料式补偿器安装后不能正常工作,有渗漏现象的故障原因有哪些?如何处理?

故障原因:

(1)补偿器外壳与导管卡住,不能伸缩。

(2)运行中偏离管线的中心线。

(3)填料函内填料填放不当造成渗漏。

处理方法:

(1)安装填料式补偿器时应严格按管道中心线安装,不得偏斜。

(2)为防止填料式补偿器运行时偏离管道中心线,在靠近补偿器两侧的管线上,至少各设一个导向支座。

(3)为防止补偿器在运行中渗漏,在补偿器的滑动摩擦部位应涂上机油,填绕的石棉绳填料应涂敷石墨粉,并逐圈压入、压紧,并保持各圈接口相互错开。填绕石棉绳的厚度应不小于补偿器外壳与插管之间的间隙。

13. 室内给水管道水流不畅或管道堵塞的故障原因有哪些？如何处理？

故障原因：

（1）安装前未认真清理管子内部，断口有毛刺或缩口现象。

（2）施工过程中，管口未及时封堵或封堵不严。

（3）水箱不及时加盖，致使杂物落入，堵塞或污染管道。

（4）溢水管直接插入排水系统，造成污水污染水质。

（5）不按规定进行水压试验和通水前的冲洗。

处理方法：

（1）管子安装前，应认真清理管子内部杂物，特别是安装已用过的管道，必须用铁线扎布或用钢丝刷反复拉拽几次，以清除管内锈蚀或杂物；使用割管器切断管子时，管口产生缩口，应用圆锉或刮刀进行扩口，以保证断面恢复原管径；管道进行维修时，应随时加管堵封严，以防止交叉施工时异物落入；水箱应及时加盖，防止杂物落入；水箱的上水溢流管不要直接通入排水管道，可隔开一定距离；管道维修完毕，必须按施工及验收规范规定的要求进行水压试验，在系统投入使用前应用水反复对系统进行冲洗。

（2）当发现管道流水不畅或有堵塞时，必须仔细观察，确定堵塞水点，然后拆开疏通。疏通完毕后，重新组装，通水后无渗漏方可投入使用。

14. 影响生活用水管道使用寿命的故障原因有哪些？如何处理？

故障原因：

（1）施工单位对施工及验收规范的有关规定重视不够，

消防和生活饮用水合用的管道，应按生活饮用水管道选用管材、管件，生活饮用水管道应使用镀锌钢管。

（2）镀锌钢管管道上使用非镀锌零件。

处理方法：

（1）验收人员必须按规范规定验收，施工单位必须在消防和生活饮用水共用管道中使用镀锌钢管和镀锌管件。如不按规定执行，拒绝验收。

（2）维修发现施工单位未使用镀锌钢管和镀锌管件，应组织人力拆下管道，重新安装镀锌钢管和镀锌管件。

15. 配水龙头的常见故障及原因有哪些？如何处理？

常见故障、故障原因及处理办法：

（1）螺盖漏水是由于配水龙头在反复不断地开与关过程中，阀杆与填料相互之间摩擦产生间隙而造成的。维修时应使配水龙头处在关闭状态下进行。用扳手先松开螺盖，再用细铁线煨成钉，钩出填料盒中的旧填料，按顺时针方向重新缠入 1~2 圈的细石棉绳（因为缠多了螺盖就戴不上扣），用扳手再把螺盖拧紧即可。

（2）配水龙头关不严的原因多数情况是配水龙头垫片被磨损，少数情况是芯子折断或阀座被划伤。维修时应把水表前阀门关闭，用扳手打开配水龙头上盖，根据具体情况换垫或芯子。经维修后如仍关不严，则是阀座有划伤的地方，需更换配水龙头主体。

（3）配水龙头关不住的原因是阀杆螺纹磨浅或腐蚀，产生滑扣现象。如果用手从手轮处能将阀杆按下去（这时配水龙头就不再漏水），便是阀杆螺纹已经滑扣。维修时也应把水表前阀门关闭，把配水龙头上盖拆开，把阀杆从手轮上冲下来，换上新阀杆即可。在没有备件的情况下，需要更换配水龙头。

16. 室内给水管道阀门常见故障及原因有哪些?如何处理?

故障现象:

阀门常见故障有压盖漏水、开不动或开启后也不通水、关不严等。

故障原因及处理方法:

(1)压盖漏水的原因是由于开关频繁,填料受磨损。维修时,应将阀门处于关闭状态,然后将压盖拆下来,用螺丝刀或铁线把填料压盖撬出来,把旧填料清理出来,缠上3~4圈细石棉绳(可不分方向反正)后,再用填料盖压好,拧好压盖即可。

(2)对于不经常开、关的阀门,一旦使用,往往会在压盖处产生漏水故障,原因是阀门填料盒内填料已变硬,阀杆转动后,两者间便产生了间隙。维修时,应先按松扣的方向将压盖转活动,然后按拧紧的方向拧紧压盖即可。如上述方法不见效,说明填料已失去应有的弹性,应松开压盖,将填料盒中的旧填料清理干净,缠入3~4圈细石棉绳,再把压盖拧紧即可。

17. 螺纹接口渗漏的故障及原因有哪些?如何处理和预防?

故障现象:

管道通入介质后,螺纹连接口发生滴、漏现象。

故障原因:

(1)螺纹连接口螺纹未拧紧,连接不牢固。

(2)螺纹连接处填料未填好、脱落、老化的填料选用不合适。

(3)管口有裂纹或管件有砂眼。

(4)管道支架间距过大,或受外力作用,使螺纹接头处受力过大,造成螺纹头断裂。

(5)螺纹加工进刀过快,有断扣现象。

处理方法:

以上问题的存在都会造成螺纹接头漏水,在找出漏水的真正原因后,才可对症处理。一般情况下,先用管钳拧紧螺纹,如还漏水应从活接头处拆下,检查螺纹及管件,如管件损坏应予以更换,然后重新更换填料并用管钳拧紧。

预防措施:

(1)在进行管螺纹安装时,选用的管钳及链条钳规格要合适,用大规格的管钳拧紧小通径的管件,会因施力过大使管件损坏;用小规格的管钳拧紧大通径的管件,会因施力不够而拧不紧,发生螺纹连接口漏水。另外还需考虑阀门及配件的位置和方向,不允许因拧过头而用倒扣的方法进行找正。螺纹连接紧固时应根据管螺纹安装的规格选用合适的管钳,连接紧固。

(2)螺纹连接处填料要缠紧、缠均匀,不得脱落,过期失效、老化的填料不得使用;另外,填料的选用要符合输送介质的要求,以达到连接紧密的目的。

(3)要认真把好材料及管件的质量关;认真检查管道及接头有无裂纹、砂眼,螺纹有无断牙、缺牙等缺陷;安装完毕,严格按规范要求进行强度试验和严密性试验,对接头处仔细认真检查,及时消除隐患。

(4)管道支架、吊架的间距要符合设计规定或规范的要求;埋地管道管周围的覆土要用手夯分层夯实,防止局部外力撞击;另外,架空管道不得附加外力,如悬挂重物、脚踩等，以免局部受力过大，造成螺纹头断裂。

（5）螺纹加工严格遵守操作规程和标准要求，螺纹管道要在托架上装正、夹紧；进刀不得过快，随时用润滑油冷却润滑，防止偏牙、断牙及乱牙等现象的发生。

18. 焊口位置不合适的故障原因有哪些？如何处理和预防？

故障原因：

对管道焊口位置要求的规定不了解或执行不认真，排管时考虑不周全。

处理方法：

对不符合位置要求的焊口进行返工，使其焊口位置符合规定要求。

预防措施：

在管道排管时，对其焊口的位置应予以足够的重视，使管道焊口的位置符合规范的要求：直管段上两对接焊口中心面间的距离，当公称直径大于或等于 150mm 时，不应小于 150mm；当公称直径小于 150mm 时，不应小于管子外径。焊缝距离弯管（不包括压制、热推或中频弯管）起弯点不得小于 100mm，且不得小于管子外径。卷管的纵向焊缝应放在管道中心垂线上半圆的 45°左右处，以方便检修操作；纵向焊缝应错开，当管径小于 600mm 时，错开的间距不得小于 100mm，当管径大于或等于 600mm 时，错开的间距不得小于 300mm。给水排水管道环向焊缝距支架净距离不应小于 100mm；工业金属管道环焊缝距支、吊架净距离不应小于 50mm；需热处理的焊缝距支、吊架距离不得小于焊缝宽度的 5 倍，且不得小于 100mm。在管道焊缝位置及其边缘上不得开孔，如必须开孔时，焊缝应经无损探伤检查合格。管道上任何位置不得开方孔，不得在短节上或管件上开孔。有加固环的卷管，加固环的对接焊缝应与管子纵向焊缝错开，其间距不应小于100mm。加固环距管子的环焊缝不应小于50mm。

19. 阀门关闭不严的故障原因有哪些？如何处理？

故障原因：

（1）密封面损伤或有锈蚀现象。

（2）杂质堵住阀芯。

（3）阀杆弯曲，上下密封面不对中。

（4）关闭操作不当，致使密封面接触不好。

处理方法：

首先轻轻启闭几次。仍不能消除缺陷时，应关闭前面的阀门，放净介质，将泄漏阀门拆下进行解体检查。如经修理或研磨仍不能消除缺陷时，则应对关闭不严的阀门予以更换。

（1）对由于密封面损伤或锈蚀造成的关闭不严，一般应将阀门拆开，对密封面进行研磨，以消除缺陷。

（2）对于黏附在密封面上的杂质清理，可将阀门开启，排出杂污，再将阀门关闭，有时可轻轻敲打，直至杂污排出。

（3）对于阀杆弯曲造成的关闭不严，应将阀杆拆下调直或予以更换。

（4）对于关闭不当造成的关闭不严，可缓慢反复开启、关闭几次，缺陷即可消除。

20. 疏水器排水不畅、漏汽过多的故障原因有哪些？如何处理？

故障原因：

（1）安装不当或管路杂质使疏水器堵塞，致使排水不畅。

（2）疏水器漏汽过多的主要原因是由于阀芯和阀座磨损，排水孔不能自行关闭。

处理方法：

（1）疏水器安装前应仔细检查，管路要认真冲扫以清除系统泥、砂、焊渣等脏物；安装时应直立安装在低于管路的部位，不可倾斜，以便于阻汽排水动作的正常进行。

（2）疏水器漏汽过多，如是阀芯和阀座磨损漏汽，则应对其密封面进行研磨；如排水孔不能自行关闭，可检查是否有污物堵塞。若是，则对其进行清理，如缺陷仍不能消除则应更换疏水器。

21. ∏形补偿器投运时管线挪位的故障原因有哪些？如何处理？

故障原因：

（1）补偿器两边未设固定支架或补偿器安装位置不居中。

（2）补偿器安装时未按要求进行预拉伸。

（3）补偿器制作不符合要求。

处理方法：

（1）补偿器安装的位置要符合设计要求，两边应设牢固的固定支架，且安装位置要居中。这样管道系统投运时的热伸长才会有方向地向补偿器延伸，由补偿器来集中补偿，从而防止了管线无序地挪位及支座的偏斜。对于热力管道的支座安装规范要求：其安装位置应从支撑面中心向位移反方向偏移，偏移量应为位移值的 1/2，如图 26 所示。

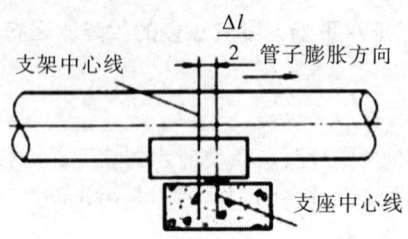

图 26 补偿器两侧活动支架偏心安装

(2)补偿器在常温下安装时按规定要进行预拉伸,以使伸缩能力得以充分利用。拉伸方法如图 27 所示,拉伸前应将两边固定支架安好焊牢,补偿器一端与接管之间预留出补偿量的 $\Delta l/2$ 间隙,然后用带螺栓的拉管器拉伸;或用千斤顶将垂直臂顶开,到位后焊接。

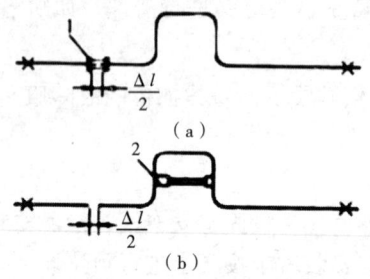

图 27 补偿器冷拉示意

1—带螺栓的冷拉工具;2—千斤顶

(3)补偿器的制作尺寸要符合设计要求。四个弯头要处在同一平面上,两个垂直臂要等长,这样就可有效地防止投运时产生横向位移及由此造成的支座偏斜。

22. 套筒补偿器渗漏的故障原因有哪些?如何处理?

故障原因:

(1)投运后补偿器中心线同管道中心线不一致。

(2)填料填放方法不当。

处理方法:

(1)套筒补偿器安装时,应严格按管道中心线安装,不得偏斜;为防止补偿器运行时发生偏离管道中心线的现象,应在靠近补偿器两侧的管道上安装导向支座。

(2)套筒补偿器填料的填放方法要正确:填绕的石棉绳应涂敷石墨粉,并逐圈压入、压紧,要使各圈接口相互错开。填料的厚度应不小于补偿器外壳与插管之间的间隙。

23. 煨制弯管椭圆率超标或出现折皱的故障原因有哪些?如何处理?

故障原因:

(1)热煨弯管内灌砂不实,加热温度控制不准。

(2)冷煨弯管时胎具不合适。

处理方法:

当煨制弯头椭圆率或折皱不平度超过标准要求时,只能报废,另行煨制。

预防措施:

(1)采用加热方法煨制弯管时,为了减少圆管断面的变形,需向管内灌入经加热烘干的河砂,并边灌边敲打管壁,以保证干砂充满填实。另外,对煨弯管段的加热温度要控制在 850℃~950℃范围内,过高、过低都会影响弯管的质量。

(2)采用冷弯煨制弯管时,胎具选用要合适;对于较薄管壁煨制弯管时,为了防止断面变形,应采用管内灌砂、充满打实的方法,再选配合适胎具,进行煨制。

24. 碳钢管投运后堵塞的故障原因有哪些？如何处理和预防？

故障原因：

（1）管道投运前吹扫、冲洗不彻底或未清理，焊渣、泥、砂等杂物堵塞管道。

（2）阀件的阀芯脱落，旋起阀柄，而阀芯不能提起，阀门仍为关闭状态。

（3）管道螺纹连接时，将填料旋入管内。

处理方法：

（1）对于管内污物或填料造成的堵塞大都表现为介质流量过小或不通畅。要治理管道堵塞，首先要判定堵塞部位，卸开或割开清理后再封堵好。

（2）如属阀芯脱落堵塞系统，可将阀门后盖打开，取出阀芯重新装好安牢。

预防措施：

（1）为防止焊渣流入管内，管道对口间隙应符合规范的要求；对清洁度、平整度要求较高的管道，宜采用氩弧焊打底；在管道安装完毕投运使用前，要彻底冲洗和吹扫管道，以清除泥、砂、焊渣等污物，防止投运后聚积在转弯、变径、阀件等部位，造成堵塞。

（2）对螺纹连接管道，所用密封填料要适量，特别是管径较小时，更要防止麻丝旋入管内。

（3）对采用装砂热煨的弯管，要轻轻敲打，仔细检查粘贴在管内壁的砂粒，要彻底清理干净，才能安装。

（4）对于有可能进入异物的管道，每次下班都要将管口封堵好，以防异物及小动物进入堵塞管道。

25. 采暖水平干管的偏心异径管安装造成暖气不热的故障原因有哪些？如何处理和预防？

故障原因：

热水采暖水平干管为了有利于空气排除，大都采用"抬头走"的敷设形式。当水平干管变径处采用下平的偏心大小头时，该处易造成空气积存，从而影响热水系统的正常循环，造成暖气不热。蒸汽采暖水平干管为了有利于排出凝结水，大都采用"低头走"的敷设形式，当水平干管变径处采用上平的偏心大小头时，该处易造成凝结水存积，从而引发水击或影响蒸汽系统的正常循环，造成暖气不热。

处理方法：

热水采暖水平干管上的变径管应改成上平的变径接管。蒸汽采暖水平干管上的变径管应改成下平的变径接管。

预防措施：

认真学习采暖专业基础理论和规范、标准，处理好热水采暖的窝气和蒸汽采暖的积水问题，从而实现系统的正常循环。

26. 圆翼形散热器因安装造成放热效果不佳的故障原因有哪些？如何处理？

故障原因：

（1）水平安装的圆翼形散热器的纵翼水平安装。

（2）水平安装的圆翼形散热器的两端未按规定使用偏心法兰。

（3）未按规范要求进行安装和组对。

处理方法：

水平安装的圆翼形散热器的纵翼应竖向安装，这样可以保证热气流从肋片间穿过，有利于热气流的上升，从而提高了散热器的放热效果，还可防止积灰。水平安装的圆翼形散热器，用于热水采暖时两端应使用偏心法兰（即进水口用接口偏上的法兰，出水口用接口偏下的法兰），这样有利于空气进入散热器，然后用跑风将空气及时排出；出水口用接口偏下的法兰，有利于散热器内凝结水的排出，便于维修。对于蒸汽采暖，进汽口用同心法兰，回水出口必须使用接口偏下的法兰，这样有利于凝结水的排出，便于维修。

27. 散热器因安装缺陷造成的故障及原因有哪些？如何处理和预防？

故障现象：

（1）挂装散热器安装不稳固或带足散热器着地不平稳。

（2）散热器距墙面距离不符合规范要求。

（3）散热器接口处渗漏。

（4）散热器接管处渗漏。

故障原因：

（1）挂装散热器的托钩数量不够或安装不牢固、强度不够；带足散热器着地不实，未垫稳。

（2）预埋托钩尺寸不对或连接散热器的支管来回弯角度不对，造成散热器距墙面尺寸不一致。

（3）散热器接口漏水一般都是由于存放和运输不当，使散热器组对接口承受过大的弯曲外力造成的。

（4）散热器接管处渗漏一般都是由于活接头垫片、接口填料不符合要求或支管来回弯角度不对，而强行同散热器组装，使接管处受力不均造成的。

处理方法：

针对存在的缺陷，拆下散热器，返修处理或重新安装。如支管来回弯角度不合适，可用气焊烘烤予以调整，然后重新接管。

预防措施:

(1) 散热器支、托架数量及散热器中心与墙表面的距离应符合表4及表5的要求。散热器托钩栽入墙内的深度不得小于120mm,堵洞要严实牢固。对落地安装的散热器,各足均应平稳着地,如需加垫调整时,应使用铅垫。

(2) 为了保证散热器中心距墙表面的距离,在预埋托钩时就要计算好,控制好托钩中心到墙面的尺寸。

(3) 散热器组对好后,应按要求进行水压试验;散热器应直立搬运或存放,如需平放时,应保证各接口受力均匀。

(4) 连接散热器支管的来回弯,中心距离要准确,角度要保证,不允许强行组装。

表4 散热器支、托架数量

散热器类型	每组散热器片数	上部托钩或卡架数	下部托钩或卡架数	总计
60型	1	2	1	3
	2~4	1	2	3
	5	2	2	4
	6	2	3	5
	7	2	4	6
圆翼形	1		2	2
	2	1	2	3
	3~4	2	2	4

续表

散热器类型	每组散热器片数	上部托钩或卡架数	下部托钩或卡架数	总计
柱形	3~8	1	2	3
柱形	9~12	1	3	4
柱形	13~16	2	4	6
柱形	17~20	2	5	7
柱形	21~24	2	6	8
扁管式、板式	1	2	2	4
串片式	每根长度小于1.4m			2
串片式	长度为1.6~2.4m			3
串片式	多根串接,托钩间距不大于1m			

注:(1) 轻质结构时,散热器底部可用特制金属托架支撑。

(2) 安装带足的柱形散热器,所需带足的散热器片数为:散热器片数为14片以下时,需带足的片数为2片;散热器片数为14片、24片时,需带足的片数为3片。

表5 散热器中心与墙表面距离

散热器类型	60形	M132形	柱形	圆翼形	扁管式、板式（外给）	中片式	
						平放	竖放
中心距墙表面距离,mm	115	115	130	115	80	95	60

第三部分 基本技能

28. 煤气管道因安装缺陷造成的故障及原因有哪些？如何处理和预防？

故障现象：

（1）管道接口填料不符合规定。

（2）管道坡度、坡向不符合规定。

（3）引入管立管上下不加三通和堵头。

故障原因：

煤气管道有可燃、易爆的危险，在施工中应严格遵照煤气管道施工的有关技术规定，保证使用安全可靠是煤气管道施工第一位的大事。但在实际施工中，对煤气管道可燃、易爆的危险性认识不够，往往将煤气管道混同为一般介质管道的施工，从而产生不应有的安装缺陷。

处理方法：

对于煤气管道施工中不符合技术要求的缺陷，应返工重新安装。

预防措施：

（1）煤气管道的严密性要求必须保证，这是保证使用安全的前提。因此接口用的密封材料必须符合下列要求。螺纹连接时，应用白厚漆、黄粉甘油或聚四氟乙烯生料带作填料，不得使用麻丝作填料。法兰连接时的法兰垫片，如设计无规定时，当管径小于 300mm 可采用 3~5mm 石棉橡胶垫；管径为 300~400mm，可采用 3~5mm 涂机油石墨的石棉纸垫。铸铁管承插连接时，可采用石棉水泥或青铅作接口填料。当采用石棉水泥接口时，每隔几个接口应有一个铅口，以增加煤气管道系统的弹性。

（2）煤气管道会有冷凝水产生，因此管道敷设要保证坡度。室外坡度要求不小于 0.003；室内坡度要求不小于

0.002。坡向要求是：小管坡向大管，室内坡向室外，室外坡向排水器，煤气表前坡向引入管，煤气表后坡向用户。

（3）为了便于排水和管道疏通，煤气管道引入管立管上、下两端应装设三通和堵头。

29. 埋地给水管道漏水的故障原因有哪些？如何处理和预防？

故障原因：

（1）管道隐蔽前的水压试验或检查不认真，未能及时发现管道及管件上的裂纹、砂眼及接口处的渗漏。

（2）寒冷季节管道水压试验后，未及时将管内水泄净，造成管道或管件冻裂漏水。

（3）管道支墩设置不合适，使管道受力不均，致使螺纹头断裂，尤其在变径处使用补心以及螺纹头过长时更易发生。

（4）管道回填夯实方法不当，管接口处受过大外力撞击，造成丝头断裂漏水。

处理方法：

分析判定管道漏水位置，挖开地面进行处理，并认真进行管道水压试验。

预防措施：

（1）管道隐蔽前须按设计要求认真进行水压试验，并仔细检查管道、管件及接口处是否漏水。

（2）寒冷季节管道水压试验后，应及时将管内积水排放干净，以免冻裂管道或管件。

（3）管道支墩间距要符合规范或设计要求；螺纹头加工不得过长，一般外露2~3牙为适合；变径不得使用管补心，应使用变径管箍。

（4）管道周围要采用手夯分层夯实，以免机械夯撞击管道，损坏管件和接口。

30. 消防栓安装不符合要求影响使用的原因有哪些？如何处理和预防？

问题表现：

消防栓口朝向及位置不对，标高不符合规范要求。

原因分析：

执行规范的严肃性认识不够，施工时未按规范要求安装。

处理方法：

应将消防栓口拆下，重新调整或返工，重新安装。

预防措施：

应认真执行规范对室内消防栓安装的要求，栓口应朝外，阀门中心距地面为1.1m，阀门距箱侧面为140mm，距箱后内表面为100mm。消防栓宜处在开门见栓的位置，以方便使用操作。

31. 排水管道排水不畅或堵塞的故障原因有哪些？如何处理和预防？

故障原因：

（1）安装前未对排水管及管件进行内壁清除，尤其是铸铁管件内壁黏附的泥、砂未清除或清除不干净。

（2）对排水管道施工中的甩口封堵不及时或封堵不认真，土建施工中的砖块、砂浆等杂物进入管内，造成管道堵塞。

（3）管道安装坡度不一致，有的甚至局部倒坡。

（4）管件选用不当，排水干线管道垂直相交连接使用T形三通，或立管与排出管连接使用弯曲半径较小的90°弯头。

（5）管道支架间距过大，有局部"塌腰"现象。

（6）未进行通水试验或试验不符合要求。

处理方法：

（1）分析确定堵塞部位，打开检查口或清扫口，进行疏通。

（2）如属管件选用不当，则应更换管件。

（3）如存在倒坡、"塌腰"现象，则应予以返修、调整。

预防措施：

（1）排水管道安装前，应对管材和管件内部进行认真清理，特别是翻砂铸铁件必须将内壁黏附的泥、砂清除干净，以免造成管道堵塞。

（2）对施工中的排水管道甩口要及时、认真地封堵，以免泥、砂、砖块等杂物进入，造成管道堵塞。

（3）排水管道属自流排水，一定要按设计要求做好管道的坡度，严禁倒坡，这是排水管道防堵防漏的关键。

（4）管件的选用应符合规范要求：排水管道的横管与横管、横管与立管的连接，应采用45°三通或45°四通及90°斜三通或90°斜四通；立管与排出管端部的连接，宜采用两个45°弯头或弯曲半径不小于4倍管径的90°弯头。

（5）管道支、吊架的间距要符合规范要求：横管不得大于2m，立管不得大于3m。支、吊架的安装要牢固，要防止管道"塌腰"现象，以免积垢、存水，造成管道排水不畅或堵塞。

（6）认真按规范要求进行通水试验，并认真检查，发现隐患及时返修、处理。

32. 蹲式大便器与给水、排水管连接处漏水的故障原因有哪些？如何处理和预防？

故障原因：

（1）大便器上水接口的橡胶碗用铁丝绑扎锈蚀断裂，橡胶碗松脱，或绑扎方法不对，未扎紧绑牢；或橡胶碗破裂，安装时未发现。

（2）大便器上水接口处破裂，未被及时发现。

（3）排水管甩口高度偏低，大便器出口插入排水管的深度不够。

（4）大便器插入排水管的连接处填抹不严实。

（5）土建地面防水处理不符合要求或防水层受到破坏，使上层地面积水顺管道四周和墙缝渗漏到下层房间。

处理方法：

首先要分析确定漏水的原因。如属大便器漏水，就得轻轻剔开大便器与上水管连接处的地面，先检查橡胶碗绑扎铜丝是否断裂、松动，橡胶碗是否破裂，如属橡胶碗破裂，则应更换橡胶碗；如原先使用铁丝绑扎，则应换成铜丝，用两道错开绑扎，绑紧、扎牢。如属大便器出口与排水管接口处漏水，可先在大便器出口内壁接口处涂抹水泥膏，待凝固后再使用。如接口处仍漏水，只有对大便器重新安装，重新抹接口。

预防措施：

（1）大便器绑扎橡胶碗前，应仔细检查橡胶碗和大便器上水连接处是否完好，如有破损不得使用。在绑扎橡胶碗与大便器和上水管连接处时，应使用14号铜丝，每口绑扎两道，且要错开，并拧紧绑牢；严禁使用铁丝绑扎；另外，冲洗管插入橡胶碗的角度要合适。

（2）大便器安装前，要认真检查上水接口处有无破损、裂纹；在施工过程中要做好对大便器的保护工作，防止砸坏漏水。

（3）大便器排水管道安装时，甩口高度必须合适，以高出地面10mm为宜；同时排水管甩口要选择内径较大、内口平整的承口或套袖,以保证大便器出口的插入有足够的深度。

(4) 大便器出口与排水管连接处的缝隙,要用油灰或用 1∶5 白灰水泥混合膏填实抹平,以防止污水外漏。

(5) 做好卫生间地面防水,保证防水层油毡完好无破损。油毡搭接处和与管道相接处都应用热沥青浇灌;楼板预留管口周围空隙必须用细石混凝土浇灌严实,以免漏水。

33. 卫生器具安装不牢的故障原因有哪些? 如何处理和预防?

故障现象:

卫生器具使用时松动不稳,严重时引起管道连接件损坏或造成漏水,影响正常使用。

故障原因:

(1) 土建墙体施工时,没有预埋木砖或木砖埋设不牢固、松动。

(2) 稳装卫生器具的螺栓规格不合适,或栽设不牢固;木砖未做防腐处理。

(3) 轻质墙体固定未采取有效的夹固措施或措施不当。

(4) 支架结构不稳,刚度不够。

(5) 未采取预埋螺栓或用膨胀螺栓固定,而是采用后剔孔埋螺栓或埋木楔的办法固定,埋深不够,不牢固。

(6) 卫生器具同墙面接触不严实。

处理方法:

首先要分析确定卫生器具安装不牢固的真正原因,采用相应的纠正方法。如属安放卫生器具的托架和紧固螺栓不牢固者,应拆下返工重新安装,并在金属支架和卫生器具接触处垫上橡胶板;如属卫生器具与墙面不紧贴、有空隙时,可用白水泥砂浆予以填塞、抹平。

预防措施:

(1) 固定卫生器具的预埋木砖应全部刷好防腐油,并在墙体砌筑时预埋牢固，严禁墙体砌筑好后再装木砖。

（2）稳装卫生器具的螺栓要符合国家标准的要求，并栽设牢固。

（3）在轻质墙面上安装卫生器具，应尽量采用落地式支架；如必须在轻质墙面上安装时，应采取不影响后背墙面平整的夹固措施。

（4）稳放卫生器具的托架，应符合国家标准图要求，要有足够的刚度和稳定性。

（5）需采用预埋螺栓固定的卫生器具，不允许采用后剔孔埋螺栓或木楔的方法固定。

（6）卫生器具安装时应尽量贴紧墙面，安装前墙面应处理平整。

34. 硬聚氯乙烯塑料管因安装质量缺陷造成的故障及原因有哪些？如何处理和预防？

故障现象：

（1）安装投运后管道变形大、弯曲不直。

（2）弯管有煨扁、过烧现象。

（3）接口处有渗漏发生。

故障原因：

（1）塑料管道投运后弯曲不直的原因是多方面的。塑料管的线胀系数是很大的，安装时和使用时的温度差异，会导致管道热胀、冷缩。如管道敷设未安装补偿器，必然会造成管道弯曲不直。另外，塑料管支架间距过大、安装时管道未调直等都可能造成管道弯曲不直。

（2）塑料管煨弯时，由于加热温度未掌握好或操作不当、受热不均匀等都会造成弯管煨扁或过烧现象。

（3）施工操作不当或接口材料选用不当，致使接口渗漏。

处理方法：

（1）当塑料管弯曲不直，首先要分析确定产生管道弯曲不直的原因。如属支架间距过大引起管道弯曲，则应补加支架；如属系统未设置补偿器投运后升温热胀引起管道变形弯曲，则应考虑加设补偿装置；如属安装时管道本身未调直，安装后也可通入蒸汽，予以整修、调直。

（2）对于煨扁、过烧不符合质量要求的弯管，则应换掉，用新管重新煨制。

（3）对于有渗漏的焊口，能返修补焊的可以补焊；对于属两法兰密封面渗漏的，可松开法兰，更换法兰垫片，重新按对称十字交叉顺序，分3次拧紧螺栓。

预防措施：

（1）塑料管道安装前要进行检查，对弯曲管道要进行调直，其方法是将塑料管道平放在平整的平台上，然后向管内通入蒸汽，使管道受热变软，调摆顺直后，停汽，在平台上自然冷却，即可使弯曲管道变直。塑料管道安装，必须按设计要求的位置和数量装设补偿器。如设计无要求，伸缩节按不大于4m的间距进行设置。塑料管道由于强度低，其支架间距应比钢管小得多，根据工作温度和介质可按表6选用。

表6 硬聚氯乙烯塑料管支架间距 m

管径DN,mm	温度小于40℃			温度大于或等于40℃	
	液体	气体		液体	气体
	压力，MPa				
	0.05	0.25~0.6	≥0.6	<0.25	≥0.25
<20	1	1.2	1.5	0.7	0.8
25~40	1.2	1.5	1.8	0.8	1
>50	1.5	1.8	2	1.0	1.2

（2）硬聚氯乙烯管弯曲应在加热状态下进行，一般是将预先炒热到40~50℃的热砂灌入管内，用木锤敲打振实，然后放入蒸汽加热箱或甘油加热箱内，加热到130~140℃，最后弯曲时应在胎具上进行。

（3）对于塑料接口渗漏的预防措施是：对于法兰连接，密封面焊接后必须刨平或锉平，法兰垫片材质必须符合介质要求。对于承插连接，首先必须严格控制好承插口的间隙，一般不得大于0.15~0.3mm；接合面要干燥、清洁、无油污，涂胶黏剂前，先用丙酮或二氯乙烷擦拭干净；插口应平齐，承口应无歪斜，承插口均应光滑、无裂纹。黏接好后的外露接合缝应用塑料焊条焊接严实。

35. 阀门填料函处泄漏的故障原因有哪些？如何处理和预防？

故障原因：

（1）压盖压得不紧。
（2）填料老化，造成填料同阀杆不能紧密接触。
（3）装填料的方法不对或填料未填满。

处理方法：

首先压紧填料压盖，如泄漏还在继续，可考虑增加填料，如泄漏现象还不能消除，则应用更换填料的办法予以处理。

预防措施：

阀门填料函压装填料的方法要正确，对小型阀门只需将绳状填料按顺时针方向绕阀杆装满，然后拧紧填料压盖即可。对于大型阀门填料，应采用方形或圆形断面，压入前先将填料切成填料圈，然后分层压入，各层填料圈的接头应相互错开180°，如图28所示。压紧填料时，应同时转动阀杆，一方面检查阀杆转动是否灵活,同时检查填料紧贴阀杆的程度。

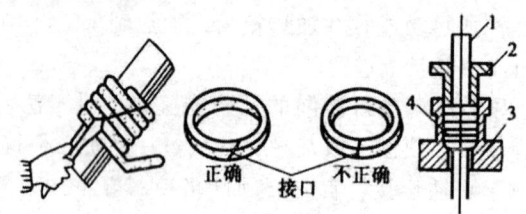

(a)填料圈制备　　(b)切口形状　　(c)填装

图 28　填料圈的制备及填料排列法

1—阀杆；2—压盖；3—阀体；4—填料

36. 管道系统水压试压中有什么异常现象？故障原因有哪些？如何处理和预防？

故障现象：

试压时,管路起始端的压力过高,末端压力上升速度过慢。

故障原因：

(1)试验用的压力表是否经过校验,或在有效期内。

(2)各个管路的连通阀是否打开或者关闭。

(3)系统中的单流阀、止回阀安装方向是否正确。

(4)管路内的积水、泥沙等杂物将末端压力表的导压管堵塞。

(5)系统中的螺纹接口、法兰接口、阀门填料函处,有焊接缺陷造成的渗漏。

(6)流程有误,试压水进入别的管道、容器或设备。

处理方法：

(1)重新检查压力表质量,若存在问题,重新更换。

（2）复查各连通阀的关闭、开启状态，应打开的打开，应关闭的一定要关严。

（3）按试压介质流向，分别查看单流阀、止回阀的安装方向，若与试压介质流向不相同，应拆下重新安装。

（4）若末端压力表的导压管堵塞，可将压力表阀拆卸，疏通导压管，再重新安装。

（5）若螺纹接口渗漏，可用管钳拧紧螺纹或更换填料。

（6）若法兰接口渗漏，可按十字交叉顺序重新紧固，仍不能止漏者可更换垫片，严重者可将法兰割掉，重新找正焊接。

（7）若阀门填料函处渗漏，可压紧填料盖，仍不能止漏可更换填料。

预防措施：

（1）管道安装必须按要求进行且应仔细认真。

（2）试压前，必须严格仔细地检查并审查有关资料。

（3）试压人员熟悉管道流程。

（4）升压过程中，应经常巡回检查。

（5）检查试压用压力表的精度、灵敏度是否符合要求。

37. 止回阀介质倒流的故障原因有哪些？如何处理？

故障原因：

（1）阀芯与阀座间密封面损伤。

（2）阀芯、阀座间有污物。

处理方法：

（1）研磨密封面。

（2）清除污物。

38. 止回阀阀芯不开启的故障原因有哪些？如何处理？

故障原因：

（1）密封面被水垢黏住。

（2）转轴锈住。

处理方法：

（1）清除水垢。

（2）打磨铁锈，使之灵活。

39. 采暖系统水力失调引起供热量不平衡的故障原因有哪些？如何处理？

故障原因：

采暖用户离锅炉房的远近，室内各并联环路离入口的远近，均有远近环路流动阻力不平均的问题。近环路流动阻力小，通过热量大，室温多偏高。远环路流动阻力大，通过的热流量偏小，室温一般偏低。

处理方法：

把近环路的阀门开启度适当调小或装调压板，使流动阻力增大。远环路的阀门开启度适当调大，管径应适当加大，阀门开度调大。最不利环路的阀门全开，以使流动阻力减小。当远近用户之间、系统各并联环路之间的流动阻力调整到接近平衡时，因水力失调引起的热力失调故障就可得到排除。

40. 管道保温效果不良的故障现象和原因有哪些？如何处理和预防？

故障现象：

管道保冷层外表面夏季存在结露返潮，保温热管道表面冬季存在过热现象。

故障原因:

(1) 保温材料本身不合格,如保温结构厚薄不均、密度太大等都会降低保温效果。

(2) 保温材料受雨水侵袭,造成含水分过多,或由于保温层外防潮层被破坏、接口不严,被雨水和潮气侵入,致使保温材料热导率增大,从而大大降低材料的保温性能。

(3) 保温层被损坏,或保温材料接口不严,有漏保缺陷存在或保温材料填充不实,有空洞现象。

处理方法:

(1) 属材料不合格造成的保温效果差,应拆掉改换合格保温材料,重新保温。

(2) 对于受雨水侵袭的保温结构,应拆除防潮层,使其干燥,然后再做防潮层。

(3) 对于保温层损坏、接口不严、漏保的部位应予以补充,保证严实不漏。

预防措施:

(1) 严把保温材料的采购、检查、验收关,必要时抽样鉴定,不合格者不允许使用。

(2) 受雨水侵袭的保温材料,使用前要晒干,除去水分。

(3) 施工过程中要做好成品保护。施工中严格按要求操作,松散材料应填充密实,接口要严密不漏,并要捆扎牢固。防潮层缠裹应从低处向高处进行,应搭接缠紧,搭接宽度为30~50mm,缝口应在侧面朝下,以防雨水进入。

41. 热水采暖系统上层散热器过热、下层不热的故障原因有哪些?如何处理?

故障原因:

产生这种现象的原因是上层散热器流量过大,下层散热器流量不足。

处理方法：

可通过逐个关小上层散热器的阀门，使通过各层散热器的热水流量到设计标准。

42. 热水采暖异程采暖系统末端不热的故障原因有哪些？如何处理？

故障原因：

由于系统前部采暖房间的散热器调节阀门开得过大，使热水通过的流量过多，造成通过末端散热器的热水流量不足，而使末端不热；干管末端没能及时排出空气而造成空气堵塞，也能使末端不热。

处理方法：

如果是前种原因造成的不热，可通过关小前部散热器或散热设备的调解阀门，使通过系统各散热器的热水流量均匀，即可消除末端不热现象，如查是后种原因，则只要打开集气罐或放气阀将空气排出即可。

43. 热水采暖系统局部散热器不热的故障原因有哪些？如何处理？

故障原因：

如果不热的散热器在系统的末端，则可能是前部散热器控制阀门开得过大，造成系统水平失均，不热的散热器如果在其他位置，可能是支、立管被污物堵塞，或支、立管上的阀门失灵，也可能是安装质量有问题，即支、管与干管连接处开口过小或支管插入干管过深，或支管进水端坡向相反而造成积气，此外干管上聚气太高没及时排出形成气堵也能使局部散热器不热。

处理方法：

首先，检查散热器在系统中的位置，如果是在系统中由前往末端的各组散热器逐渐不热的，则是水力失均。通过逐组调整各组散热器的阀门解决。如发现集气罐内存有大量气体，邻近的管线和散热器仍然不热，则可检查阀门。开关阀门时，如果感到手轮转起来特别轻快而且开关多少圈也不能使闸板动作，就是阀门坏了，应予更换。如果经检查阀门没坏，则在管子弯头、变径阀门等处摸温度，在温度最低处附近，可能管堵塞，可将进、出水管阀门关闭，在散热器上接个临时入水管，再分别打开进出水管阀门，检查管线是否堵塞。如堵塞时，可边用手锤前后敲击管道易堵处，边放水冲洗。如堵塞严重冲洗不出，就要割开查出堵塞物。如果放水时进、出水管的压力都较正常压力低，而且没有污物，则是由于安装质量不好，在干管与支管相接处的干管开口太小或支管插入干管太深，或进水管坡向错误，造成局部气堵。对由于安装质量不合格引起的局部散热器不热，应拆下支管重装。

44. 总回水温度过高的故障原因有哪些？如何处理？

故障原因：

首先看循环水泵是否开的台数太多，使循环水量过大，引起总回水温度过高。也有可能是外网循环阀门没关闭，热水没送出就回来了。或是送水温度过高。

处理方法：

（1）减少开启循环泵台数或调整进出口阀门开度，减少循环水量。

（2）关闭循环阀门。

（3）减少运行锅炉台数或降低锅炉运行参数。

45. 总回水温度过低的故障原因有哪些？如何处理？

故障原因：

产生这种现象的原因是送出水温度过低，循环水量太少，外网大量漏水以及管道热损失过大等。

处理方法：

如果因送水温度低时，可增加锅炉运行台数或提高锅炉运行参数，来提高系统的送水温度。如果循环水量过少，可检查循环水泵是否反转或阀门没完全打开，如管线、阀门孔板等处堵塞也可使循环水量减少，应根据具体情况处理。如因外网漏水，应立即进行堵漏，以免造成其他严重事故。因保温层损坏造成热损失而使总回水温度低时，根据保温层损坏程度进行修补，以减少热损失提高回水温度。

46 热水采暖管网中，系统突然不热的故障原因有哪些？如何处理？

故障原因：

这种现象只有在干线不能输送热水时才会发生。

处理方法：

当这个热用户在热源处的供回水干管阀门关闭或闸板脱落时，就会发生不热现象，此时供、回水阀门后部的管线用手摸温度较低，如温度较高时，就可能是热用户处供、回水总阀门之一或全部关闭或闸板脱落，并且循环阀门关闭不严，如果是以上两种原因，则应打开或更换阀门。供、回水管线有时因保温层损坏或埋地较浅，而室外气温又骤然下降，可能出现管线局部冻结，查出冻结地点后，根据冻结程度，采用喷灯、高温车或电化车来处理。有时因管路中沉淀物、水垢等杂物较多，在循环泵停车又重新启动时，这些杂物在水冲击下，可能运聚到弯头、孔板、变径管等处将管线堵塞。如果是这种情况，应根据堵塞程度拆下管件、孔板等进行冲洗或清理。把干线不能输送热水的原因消除后，这个热用户全系统不热的现象即可消除了。

47.热水管网严重漏水的故障现象及原因是什么？如何处理？

故障现象：

循环水泵出水管上的压力表指针急剧大幅摆动，一会指向较高值，一会又指向零点，补水泵虽然长时间补水，但管网系统压力仍然不稳定，并且管路有时还会发出较大的响声。

故障原因：

首先应判明是哪些环路漏水，通过安装在每组供回水管路上流量供回水流量及供回水流量差，流量差突然增大的环路就是漏水环路。如果各环路没装流量计，则可分别关闭同一组管路的供回水阀门观察供回水压力，当关到压力表停止摆动且压力稳住了的管路时，则这个环路就是漏水严重的管路。

处理方法：

对漏水的环路，进行详细检查，如在管子弯处，腐蚀严重处，胀力、阀门、压力表、温度计、泄水阀、放气阀等处，找出具体漏水点，根据漏水的具体情况，采取措施予以处理。

48.采暖管道发生漏水漏汽故障的原因有哪些？如何处理？

故障原因：

（1）管道运行一个阶段后，由于腐蚀及外力作用使管子损坏。

（2）选择的管材质量不合格或管材选用不当。

（3）施工质量不合格。如焊缝质量不良或支架下沉，使管道过度弯曲变形；管道弯头、胀力处、变径处、接支管线处加固不好或未加固；管内存水冻结后使管子胀裂。

（4）操作不当。蒸汽管线送汽时未暖管或暖和时疏水不良，使管壁金属上半部和下半部产生不同的应力或发生水击现象，使管道遭到破坏。

处理方法：

处理时，应根据管道损坏情况、部位及程度来决定修理办法。针对室外管线，应停水停气，采用补焊的方法修理。室内管线漏水漏气时，也可以停水停气进行处理。如果管道漏的部位是丝接或法兰连接的管件本身、垫或螺纹时，应更换管件、垫或拆下重新安装。如果管道漏时，应补焊，如管道腐蚀或其他损失严重时，无法修补，应更换管道。

49. 供热管网堵塞的故障原因及危害有哪些？如何处理？

故障原因：

由于管道投运前冲洗不净，管道热媒含有杂质并结垢，其不断沉淀，腐蚀生物不断积聚，使可能引起管道堵塞。在热水采暖系统中，管线的最高点未设排气装置或排气不及时会形成气塞，使热水不能循环。在蒸汽采暖系统中，由于疏水不畅，冷凝水排不净，停止送气时间过长而造成冻结堵塞，有时也可能造成水击现象。

故障危害：

管道发生堵塞时，往往使热媒不能输送到热用户，输送量不够，压力降过大，因而使热用户采暖受到影响，若发生水击时，还会损坏采暖设施。

第三部分 基本技能

处理方法：

为防止管道堵塞，首先应改善热媒品质，使管道内尽量减少沉淀、腐蚀发生，杂物混入及水垢生成，以根除堵物的生成。其次，在施工时，应注意工程质量，管道坡度要正确，最低点应设排污装置，最高点应设排汽装置，疏水器应能正常工作，工程投产前，应认真吹洗管道。采暖系统在运行时，应定期在除污器或排污管处排污，随时排出最高聚存的空气，及时检查疏水器的工作状况并及时排除疏水器故障，防止热网管道发生堵塞。

50. 室内地下热水管线漏水位置的检查判断有哪些方法？

地下水管线漏水时，水在漏水点冲击管道并撞击周围空气，会发出一种嘶嘶的声音。这种声波以漏点为中心沿着地下管道向两侧传播一定距离后消失，声波在沿地下管道传播同时也沿着与地下管线相连的地下管道及散热器支管传到地面上，使在地面上能听到嘶嘶声，找出管路两端嘶嘶声的终止位置，就可以确定出声波传播的距离，漏水点就在此距离的一半处附近。如管线埋地敷设时，所漏的水有一部分会沿管沟返到地面上，使室内表面潮湿，而此时室内空气湿度大，地面温度升高，使人感到闷热。这时，可根据声波的中心位置及地面潮湿程度、地表温度、空气潮度大小并结合管道焊口位置，接头、支干管连接位置等情况，能更准确地判断出热水漏点位置。

51. 采暖管线冻结的故障原因有哪些？如何处理？处理时有何注意事项？

故障原因：

热水采暖系统在临时停水、停电、间歇供热或其他原因临时停止供热时，由于室外温度骤降或供热停止时间过长，造成在保温不好或低温房间的管道局部或全部冻结，冻结的管线，如不及时处理，可能会因为时间过长而使系统全部冻结，还可能将管线、管件、散热器等冻裂，造成更大损失。

处理方法：

根据冻结管线的长短来决定处理方法：管线冻结较长，如具备条件，最好用电化车来解冻。管线冻结的较短，则可用喷灯或气焊枪来烘烤，同时将热媒送入系统烘烤管线，但各段之间要连接好，不要有漏烤的地方，最好各段烤点均在一条直线上，有利于在这条直线化开后，热水或蒸汽通过这条通道时立刻使其他冰全部融化。如有两条冻结管线靠在一起，应先处理容易处理的一条，待此通后，另一条很快会自动化通。异程采暖系统可由前往后处理，使前部分能正常供热。

处理故障中的注意事项：

在烘烤时，要准备好防火工具及设专职消防检查人员，要注意防火，以防引起火灾；对喷灯要经常加压，缺油时及时关闭喷嘴，待喷灯冷却后方可加油，不要加得太满，烘烤时喷灯倾斜不要太大，以免引起喷灯回火爆炸。管线化通后，要再次仔细检查是否有可燃物引燃，或遮挡物是否撤掉，确认没有火灾隐患时，人员方可撤离现场。

52. 单层采暖系统中，前后立管散热器全热，而中间立管散热器不热的故障原因有哪些？如何处理？处理时有何注意事项？

故障原因：

这种情况是因为该立管散热器流经的热水量没达到室内采暖的需要量造成的。如果立管管径与其相邻立管管径相同，则可能是散热器堵塞或阀门损坏造成的，也可能是连接时立管插入干管太深或主干管上开口太小造成的。

处理方法：

应首先检查来回水阀门是否损坏，如未损坏则应在散热器的丝堵上安一临时放水管，分别开启来回水阀门，检查放水管流速是否与相邻立管有异常并同时用手锤敲击管路，看水是否变浑及有脏物排出。既无异物和水浑现象，流速也没有突然增加，则是立管与干管相连接时插入过深或开口太小，造成立管阻力大、流量不足，而使散热器不热。

注意事项：

将水放空，把该立管从干管上割下来，检查出故障重新安装。放水时，应将水放到不影响环境的地方，注意不要使焊机、电源线及用电设备与水接触，以防发生事故。

53. 集气罐不排气的故障原因有哪些？如何处理？

故障原因：

主要原因是供水主干线坡向不对或没有坡度。

处理方法：

应重新测量干管的坡向，如坡向不符合要求，则应从新找好坡度，进行改造。